大学科学实验

张尊听　主编

科学出版社
北京

内 容 简 介

本书包括41个新颖、有趣、与现实生活紧密结合的科普实验，分为自然现象类、健康生活类、实用技术类和信息科学类。通过基础知识学习和实验操作，学生可了解常见自然现象发生的科学原理，熟悉一些生活常识的内在本质，掌握一些常用的实用技术和信息工具，培养学生科学严谨的思维方法，树立科学的自然观和审美观，提高动手能力和创新意识，提升学生的科学素养，向全社会普及“节能、环保、健康”的科学理念，倡导科学方法，传播科学思想，弘扬科学精神。

作为一本科普读物，本书可供大专院校学生学习，对于中小学教师也有一定的参考价值，其他读者同样会有所收获。

图书在版编目(CIP)数据

大学科学实验 / 张尊听主编. — 北京：科学出版社，2021.11

ISBN 978-7-03-070232-6

Ⅰ. ①大… Ⅱ. ①张… Ⅲ. ①科学实验－高等学校－教材 Ⅳ. ①N33

中国版本图书馆CIP数据核字(2021)第216033号

责任编辑：窦京涛 孔晓慧 / 责任校对：杨聪敏
责任印制：张 伟 / 封面设计：蓝正设计

科学出版社 出版
北京东黄城根北街16号
邮政编码：100717
http://www.sciencep.com
北京中科印刷有限公司 印刷
科学出版社发行 各地新华书店经销
*
2021年11月第 一 版 开本：720×1000 B5
2021年11月第一次印刷 印张：14 1/2
字数：292 000
定价：59.00元
(如有印装质量问题，我社负责调换)

序

在综合性大学和师范类大学中，将理工科基础性实验室相对集中的情况在全国为数不多，这是陕西师范大学的一个大胆尝试。作为这件事情的推动者，同时也作为从教多年、承担过学校管理工作、深度参加过全国本科教学水平评估和审核评估工作的教师，我对这种尝试持肯定态度。这种空间上的集中，在我看来起码有四个突出的优点：①有利于管理；②有利于资源共享；③有利于学科间的交流学习；④有利于保障实验教学质量。更重要的是，这种空间上的集中切实促进了跨学科专职实验教学人员队伍的形成。这支队伍将提高本科生动手能力、提高本科生对科学实验的兴趣作为主责，为其努力，为其奋斗。这本由张尊听教授主编，融多学科内容于一体的《大学科学实验》的出版就是这一架构优势的反映。

在人类社会发展过程中，人文社会学科的繁荣发展为科学技术的进步、科学技术正向作用的发挥培植了土壤，营造了氛围。与之相应，科学技术的进步也使得先进文化、进步思想得以加速传播、发挥影响，人类的生存质量也因科学技术的进步而极大改善。这种“虚”“实”渗透，相得益彰，共同推动着人类社会的发展进步。将要走向社会的本科生，在大学期间，如果能够有机会多了解一些其他学科，特别是能够通过实习实践体验其他学科，那么这对于他们的未来无疑会是一笔财富，因为走上社会，这种机会将很难再次遇到。而且谁又能够保证，他们将来成就事业、养儿育女就不需要这些知识或者见识呢？

美国普林斯顿高等研究院 Witten 教授专注理论物理研究，是当今世界最伟大的理论物理学家之一，获得过包括菲尔兹奖在内的多项国际大奖，他当年本科可是主修历史！美国国立卫生研究院（NIH）前任院长，1989 年诺贝尔生理学或医学奖得主 Varmus 教授，是世界级生命科学家，他的本科专业，乃至硕士学位都是美国文学。类似的情况不在少数，这些人之所以在完成大学学业之后，依然可以重新选择，而且是从人文社会科学到了自然科学领域，并有所成就，无疑与他们广泛的兴趣和早期的科学知识基础有关。如果有了恰当的教育，给了该有的选择权利，谁又能说同学们就没有这种可能呢？

著名数学家、华人学者丘成桐曾经讲过，情感丰富是作为一个好学者、好教师的必备品格。情感从哪里来？从阅读来，从人文关怀教育来。历史上的人文大家无不是感情丰富的人，很难想象，一个麻木的人能够对美有感觉，对奇特有触动。而这些是原创性、原创力所必需的，因此，人文教育十分必要而迫切。同样，一个好的人文学者，一位合格的现代公民，也须具有基本的科学素养。这种素养给予人们的不仅仅是科学知识，可能还包括科学人所具有的求真、求实品格，化繁为简的做事习惯，以及基于事实的思维和判断。

基于这些考虑，我非常乐意看到这本科普实验书的出版。相信它不仅可以作为本科生的选修教材，也可以作为科普读物，供中学生、有兴趣的社会读者阅读。

是为序！

房　喻

2020 年 12 月 8 日

前言

大学科学实验是面向理工科、文科、外语、美术和体育等专业本科生开设的一门纯实践性的科学知识普及和兴趣实验课程。本实验课程以日常生活中的物理、化学、生物现象的应用以及食品科学、地理知识、计算机应用软件为切入点，设计了一些趣味性强且与现实生活紧密联系的基础实验供本科生学习。物理实验内容以演示实验为主，侧重于定性或半定量实验观测，解释一些常见的自然现象发生的原理；化学实验主要体现生活中的化学及应用；生物实验以普及生活中常见生物知识和认识我们身边的动植物、人体器官知识为主题；地理实验旨在提升学生获取空间数据、处理位置信息、信息可视化制图能力，提高学生对一些常见地理现象的认识；食品科学实验则以趣味性和生活性较强的实验为主；计算机实验侧重常见工具软件的应用，使学生对计算机应用有更加具体的认识，能独立解决日常学习和生活中遇到的计算机方面的问题。各部分实验教学内容有机融合，互相交叉和渗透，是一门综合实验课程。因此，本书实验内容也可分为自然现象、健康生活、实用技术和信息科学 4 部分。

本课程拓展了物理、化学、生物、地理、食品科学和计算机的基本知识及操作技能，使学生掌握一些与现代生活密切相关的科学知识，培养科学思维方法。通过有趣的实验教学过程，有利于学生形成科学的自然观和审美观，增强实际动手能力，做到文理互补，有效地提升学生的科学素养。向全社会普及“节能、环保、健康”的科学知识，旨在倡导科学方法，传播科学思想，弘扬科学精神。通过实验让学生了解常见自然现象发生的科学原理，熟悉一些生活常识的内在本质，掌握生活中常用的一些实用技术和信息工具，拓宽知识面，培养学生热爱生活和热爱大自然的情操。本书收录了 41 个实验，教师可以根据大学生的专业选择开设相关实验项目。对文科、外语、美术和体育专业学生可从 6 门学科中选择开设实验项目，对理工科的学生可以开设非本专业的实验类别。

2017 年 2 月，我们编写的《大学科学实验》曾于陕西师范大学出版社出版，这次在原教材内容的基础上进行了修订。本书由张尊听教授统稿，刘志存编写实验 1、2

和 35，杨万民编写实验 3，白云山编写实验 4、20 和 22，张宗权编写实验 5、6、36 和 37，卫芬芬编写实验 7~9，王斌编写实验 11 和 12，张育辉编写实验 13 和 14，马志爽编写实验 15、16 和 18，彭菊芳编写实验 17、23 和 25，严军林编写实验 19 和 26~28，申海霞编写实验 29 和 30，秦健编写实验 31 和 32，强雪编写实验 38 和 39，苏惠敏、何地平、卢媛、钱易、薛亮、陈林和段克勤分别编写实验 33、24、40、41、34、10 和 21。同时，我们邀请了房喻教授为本书作序，本书在编写的过程中得到了杨祖培、张小琪、赵华荣、闫生忠和郭郁芳的关心和支持，在此一并感谢！

由于我们学识有限，本书难免有纰漏，希望广大读者对本书的缺点和不足之处给予批评指正。

编　者

2020 年 10 月

目录

第三部分 实用技术

第四部分 信息科学

第一部分

自然现象

实验 1

磁铁磁力与指南针

一、背景资料

早期的磁铁不是人类发明的，而是天然的磁铁矿。古希腊人和中国人发现自然界中有种天然的铁磁石，称其为“吸铁石”。这种石头可以魔术般地吸起小块的铁片，而且在随意摆动后，最终总是指向同一方向。最早使用磁铁的应该是中国人，也就是利用磁铁制作“指南针”——司南，如图 1-1 所示。

图 1-1　司南

司南是中国古代辨别方向用的一种仪器，是中国古代劳动人民基于在长期的实践中对物体磁性的认识作出的发明。它是用天然磁铁矿石琢成的一个勺形的东西，放在一个光滑的盘上，盘上刻着方位，利用磁铁指极的性质，可以辨别方向，是现在所用指南针的始祖。作为中国古代四大发明之一，它的发明对人类的科学技术和文明的发展起到了不可估量的作用。在中国古代，指南针起先应用于祭祀、礼仪、军事、占卜与看风水中确定方位。

电子指南针是现代电子技术的最新应用，也叫电子罗盘或数字罗盘，它也是利用地磁场来确定北极的。许多手机中就有这种软件，它是利用磁阻传感器研制而成的。

磁铁是周围和自身内部存在磁场的物体或材质，分为天然和人造两大类。

天然磁铁主要成分是四氧化三铁，化学式Fe_3O_4，是具有磁性的黑色晶体，常称“磁性氧化铁”，可以看成是氧化亚铁和氧化铁组成的化合物。在四氧化三铁的晶体里存在着两种不同价态的离子，其中三分之一是 Fe^{2+}，三分之二是 Fe^{3+}。四氧化三铁是一种复杂的化合物，它不溶于水，也不能与水反应，与酸反应，不溶于碱。人造磁铁通常用金属合金制成，具有强磁性。磁铁又可分为“永久性磁铁”与“非永久性磁铁”，即“硬磁”与“软磁”。

一种简易的人造磁铁是电磁铁。通有电流的线圈像磁铁一样具有磁性，所以叫做电磁铁。为了使电磁铁断电立即消磁，我们往往采用消磁较快的软铁或硅钢材料来制作电磁铁。这样的电磁铁在通电时有磁性，断电后磁性就随之消失。电磁铁在我们的日常生活中有着极其广泛的应用，它的发明也使发电机的功率得到了很大的提高。

电磁铁有许多优点：电磁铁的磁性有无可以用通断电流控制；磁性的大小可以用电流的强弱或线圈的匝数多少来控制，也可通过改变电阻控制电流大小来控制；磁极可以由改变电流的方向来控制。也就是说，磁性的有无可以控制、磁性的大小可以改变、磁极的方向可以改变。

电磁铁是电流磁效应(电生磁)的一个应用，与我们的生活联系紧密，如电磁继电器、电磁起重机、磁悬浮列车、电子门锁、智能通道闸和电磁流量计等。

二、实验目的

(1) 认识磁铁及其磁极，利用指南针判断南北极；
(2) 自制电磁铁，体验电和磁的相互转换；
(3) 探究影响电磁铁磁力大小的因素。

三、实验原理

地球是一个大磁体。地球的两个极分别在接近地理南极和地理北极的地方。地球表面的磁体，当可以自由转动时，就会因磁体同性相斥、异性相吸的性质指示南北方向。指南针就是利用这一原理制成的。

当电流通过导线时，会在导线的周围产生磁场；电流通过螺线管时，则会在螺线管内部和周围产生磁场，在螺线管的中心置入铁磁性物质，则此铁磁性物质会被磁化，而且会大大增强磁场。

一般而言，电磁铁所产生的磁场与电流大小、线圈匝数及中心的铁磁体有关。在设计电磁铁时，会注重线圈的分布和铁磁体的选择，并利用电流大小来控制磁场强度。由于线圈的材料具有电阻，因此限制了电磁铁所能产生的磁场大小。

四、实验器材

条形磁铁、马蹄形磁铁、指南针、大头针或曲别针、导线、铁棒、螺线管、电磁继电器、电磁起重机演示仪等。

五、实验内容

1. 认识常见磁铁和判别南北极

(1) 常见永久性磁铁有条形磁铁和马蹄形磁铁，每块磁铁都有南极和北极，也称为 S 极和 N 极。让两个磁铁逐渐接近，体验磁极之间的吸引力和排斥力。

(2) 利用指南针判别南极和北极。若将磁铁接近指南针，会对指南针产生多大的影响？体会地磁与磁铁的磁性强弱程度有多大差别。

2. 自制电磁铁并进行测试

(1) 自制电磁铁。在铁棒上绕制多圈(50 圈以上)细导线，将细导线的两端分别接入电源(1～5V)的正极和负极，这样就制成了简易的电磁铁，如图 1-2 所示。

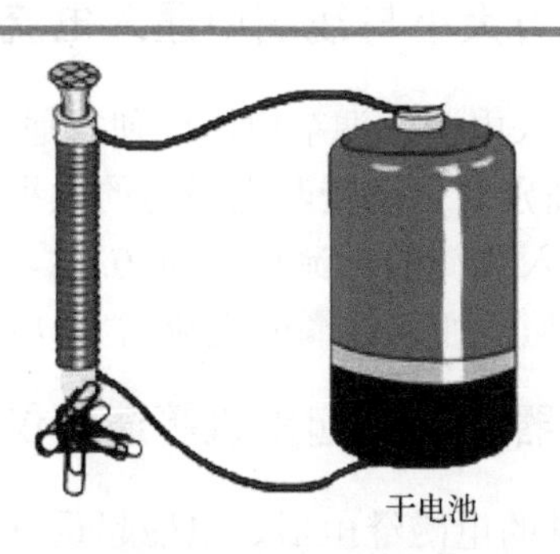

图 1-2　自制电磁铁

(2)将电磁铁铁棒的一端慢慢靠近大头针或曲别针，你观测到了什么现象？自制电磁铁能吸引它们吗？

3. 观察电磁铁磁力大小与线圈匝数的关系

实验室提供多个不同匝数的线圈，有100匝、200匝、300匝、400匝、500匝、600匝等，线圈中插有铁棒，如图1-3所示。

图1-3 中心插有铁棒的线圈

(1)将100匝的线圈接入电源，调节电源，使得通入线圈的电流为0.5～1A，用通电线圈中铁棒端头去吸引曲别针，感受其电磁力的大小。

(2)依次换成200匝、300匝、400匝、500匝、600匝的线圈，通入线圈的电流保持0.5～1A不变，感受其电磁力变大的情况。随着线圈匝数的增大，电磁力的大小是否也在增加？

4. 探究电磁铁磁力大小与线圈中通入电流大小的关系

(1)将400匝的线圈接入电源，调节电源，使得通入线圈的电流为0.6A，用通电线圈中铁棒端头去吸引曲别针，感受其电磁力的大小。

(2)调节电源，使得通入线圈的电流依次为0.9A、1.2A、1.5A、1.8A、2.1A，感受其电磁力变大的情况。随着通入线圈的电流增大，电磁力的大小是否也在增加？

5. 体会电磁继电器、电磁起重机等演示仪的工作原理

操作并观察实验室提供的电磁继电器、电磁起重机等演示仪，体会它们的工作原理。

六、思考题

(1) 地磁是南北方向，但并不是水平方向，而是有一定的倾角。比如西安地区，倾角约为 50°，为什么使用指南针时却要水平放置？

(2) 实验中采用直流电源制作电磁铁，试想若使用交流电，会有同样的效果吗？

(3) 试列举几个日常生活中常见的电磁铁应用的物件或场所。

七、参考文献

刘秉正，刘亦丰. 1997. 关于指南针发明年代的探讨. 东北师大学报(自然科学版)，(4)：23-26.

严陆光，徐善纲，孙广生，等. 2003. 高速磁悬浮列车的战略进展与我国的发展战略(下). 电工电能新技术，22(1)：1-8.

实验2

静电现象

一、背景资料

人类对电的认识是从静电现象开始的。对静电现象的发现和认识，东西方很早就有记载。西汉末年的《春秋纬·考异邮》中就有“玳瑁吸芥”的记载。意思是说，经过摩擦的玳瑁(琥珀)能吸引芥籽。琥珀是松柏类植物的树脂流入地下后形成的化石，多为具有黄色光泽的透明固体。西晋时张华(232～300)撰写的《博物志》中有这样的记载：“今人梳头脱著衣时，有随梳、解结有光者，亦有咤声。”意思是说梳头、穿脱衣服时，常发生摩擦起电，有时还能看到小火星和听到微弱的响声。古希腊人习惯把琥珀当作高贵的装饰品，经常戴在身上，这样就容易发现它吸引轻小物体的现象。柏拉图(公元前427～公元前347)曾提到“关于琥珀和磁石的吸引是观察到的奇事”。约2500年前，古希腊哲学家塔勒斯在研究天然磁石的磁性时发现用丝绸、法兰绒摩擦琥珀之后也有类似于磁石能吸引轻小物体的性质。

静电的危害很多，它的第一种危害来源于带电体的互相作用。飞机机体与空气、水汽、灰尘等微粒摩擦会使飞机带电，如果不采取措施，将会严重干扰飞机无线电设备的正常工作，使飞机变成“聋子”和“瞎子”；在印刷厂里，纸页之间的静电会使纸页紧贴在一起，难以分开，给印刷带来麻烦；在制药厂里，静电吸引尘埃，会使药品达不到标准的纯度；在看电视时，荧屏表面的静电容易吸附灰尘和油污，形成一层尘埃的薄膜，使图像的清晰程度和亮度降低；在混纺衣服上常见而又不易拍掉的灰尘，也是静电捣的鬼。

静电的第二种危害，是有可能因静电火花点燃某些易燃物体而发生爆炸。在手术台上，电火花会引起麻醉剂的爆炸，伤害医生和患者；在煤矿，静电则会引起瓦斯爆炸，导致工人死伤，矿井报废；雷阵雨前的雷电经常会损毁建筑物、树木，甚至击伤人体。

人们常说，防患于未然。防止产生静电的措施一般都是降低流速和流量，改造强烈起电的工艺环节，采用起电较少的设备材料等。最简单又最可靠的办法是用导线把设备接地，这样可以把电荷引入大地，避免静电积累。细心的乘客大概会发现，在飞机的两侧翼尖及尾部都装有放电刷，飞机起落架上大都使用特制的接地轮胎或接地线，以泄放掉飞机在空中所产生的静电荷。我们还经常看到油罐车的尾部拖着一条铁链，这就是车的接地线。较高建筑物顶部安装的避雷针就是为了将雷电引入大地。适当增加工作环境的湿度，让电荷随时放出，也可以有效地消除静电。潮湿的天气里不容易做好静电实验，就是这个道理。

然而，任何事物都有两面性。静电现象与人类的生活密切相关，在现代生产中也有重要应用，只要摸透了静电的脾气，扬长避短，也能让它为人类服务。比如，静电复印、静电印花、静电喷涂、静电植绒、静电除尘和静电分选技术等，已在工业生产和生活中得到广泛应用。静电也开始在淡化海水、喷洒农药、人工降雨、低温冷冻等许多方面大显身手，甚至在宇宙飞船上也安装有静电加料器等静电装置。

二、实验目的

(1) 观察摩擦起电过程，掌握静电产生的机理；

(2) 操作静电起电机，观察各种静电现象；

(3) 了解静电应用、静电危害及静电消除防止的方法。

三、实验原理

分子是由被称为原子的微粒构成的，原子是由更小的带负电荷(用减号“−”表示)的电子和带正电荷(用加号“+”表示)的离子构成的。原子核是由带正电的质子和不带电的中子组成的。在正常状况下，一个原子的质子数与电子数相同，所以正电荷和负电荷达到了平衡，对外表现出不带电。原子核保持相对不动，而电子围绕着原子核不断运动，如图 2-1 所示。

但是，电子环绕在原子核周围运动，在外力作用下即脱离轨道，这个外力包含各种能量(如动能、势能、热能、化学能等)，电子离开原来的原子 A 而侵入其他的原子 B，A 原子因减少电子数而带有正电，称为阳离子，B 原子因增加电子数而带有负电，称为阴离子。

在日常生活中，任何两个不同材质的物体接触后再分离，即可产生静电。通常从一个物体上剥离一张塑料薄膜，就是一种典型的“接触分离”起电。固体、液体甚至气体都会因接触分离而带静电。摩擦是一个不断接触与分离的过程。因此，摩擦起电实质上是接触分离起电。

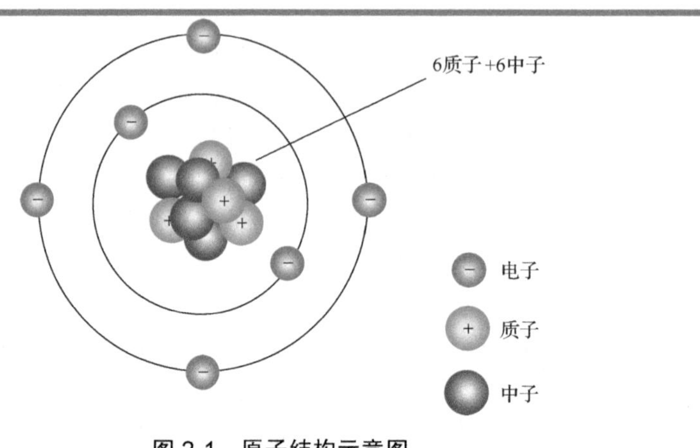

图 2-1　原子结构示意图

另一种常见的起电是感应起电。当带电物体接近不带电导体时会在不带电导体的两端分别感应出负电荷和正电荷。

1. 摩擦起电——韦氏感应起电机

韦氏感应起电机如图 2-2 所示，左右各有一个莱顿瓶，当旋转起电机时，通过摩擦产生的正负电荷就分别集聚到两侧莱顿瓶上，连接在两侧莱顿瓶上的两个放电小球靠近时，就会因放电而产生电火花，同时发出啪啪的响声。

图 2-2　韦氏感应起电机

2. 感应起电——滴水感应起电机

英国科学家开尔文最先设计了一架非常有趣的起电机，即滴水感应起电机，结构示意图如图 2-3 所示。

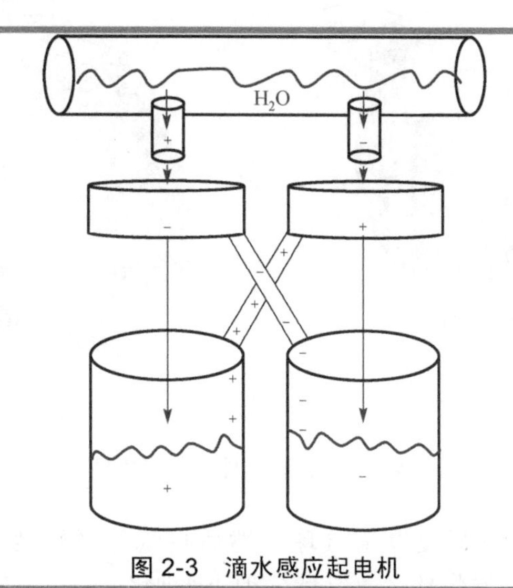

图 2-3　滴水感应起电机

两侧金属接水箱在静电感应作用下都会带有负电荷，但是它们所带的电量不等。带负电荷较多的水箱接着另一边上面的金属薄壁。由于静电感应，带负电荷的金属薄壁管把水中的正离子吸引过来，该边的滴水管口(最上方)便出现了正电荷。因此，当水滴下落时，就会把正电荷带到该边带负电荷较少的金属水箱中。如此这般积少成多，循环进行，电荷分离速度逐步加快，一会儿便能在两金属接水箱之间建立起 15000V 以上的高电压。

四、实验器材

玻璃棒、毛皮、橡胶棒、丝绸、静电感应仪、起电盘、验电器、氖管、韦氏感应起电机、滴水感应起电机、尖形导体、自制铁筒、连接导线若干等。

五、实验内容

1. 为什么物体会带电？

摩擦起电，观察静电现象。

(1)吹起气球，用细线扎好进气口。

(2)用羊毛织物反复摩擦气球，如图 2-4(a)所示。用气球慢慢接近碎纸片，如图 2-4(b)所示，但不碰到它们。观察会发生什么，纸片会被吸引到气球上吗？

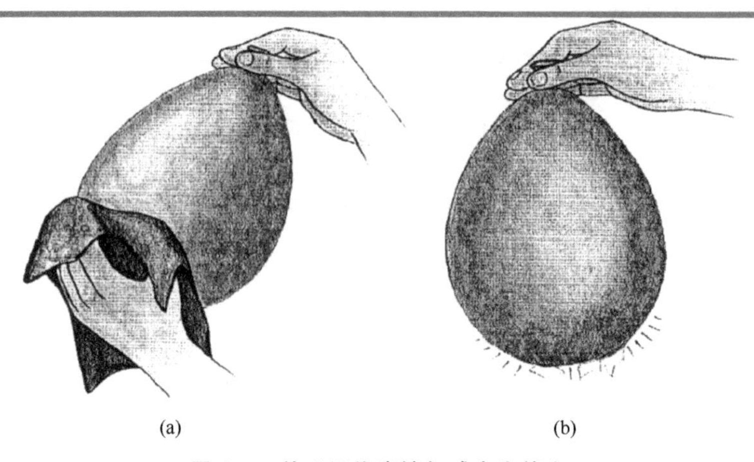

(a) (b)

图 2-4 羊毛织物摩擦气球产生静电

(3)重新用羊毛织物反复摩擦气球，然后将气球轻轻地靠近墙壁后放手，如图 2-5(a)所示。观察会发生什么，气球会掉下来吗？

(4)继续用羊毛织物反复摩擦气球，将气球慢慢接近水管流出的细水流，如图 2-5(b)所示。观察会发生什么，水流会因为气球的靠近改变流向吗？

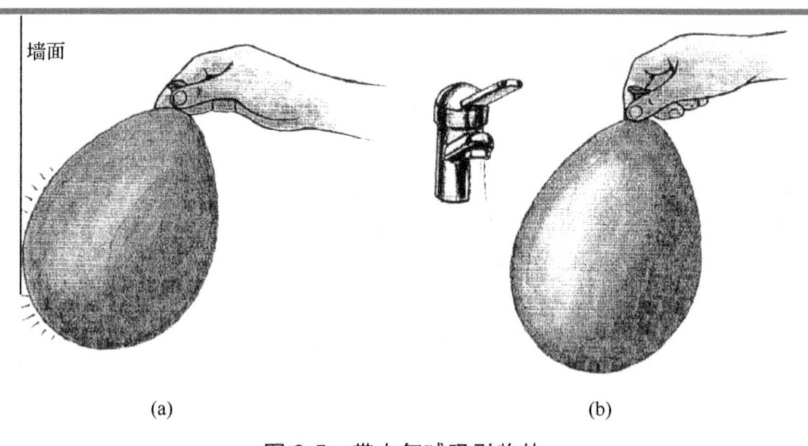

(a) (b)

图 2-5 带电气球吸引物体

提示：

当用羊毛织物摩擦过气球后，气球会带电，会有像磁铁一样吸引物体的能力。

2. 叛逆的小气球

观察带电物体相互吸引和排斥。

(1)吹起两个气球，捆扎好进气口，用一根细线连接起来，放置在桌面(干燥的木质桌面或橡胶桌面)上，离开一定的距离，如图 2-6(a)所示。

(2)用一块羊毛织物摩擦两个气球。

(3)从线中间提起气球，使它们自然下降，如图 2-6(b)所示。观察两个气球是否会因排斥而远离。

(4)若提起气球前，不用羊毛摩擦气球，又会是怎样的情形呢？

(5)在两个气球中间放置一张纸，如图 2-6(c)所示，重复以上步骤，两个气球是否会接近？

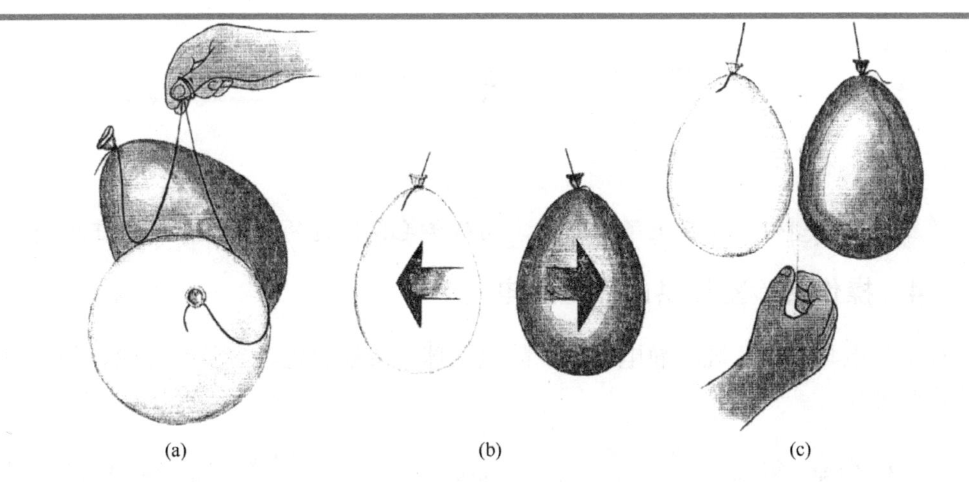

图 2-6 两个带电气球相互作用

提示：

被摩擦过的两个气球都带上了负电荷，会相互排斥。纸拥有同样数量的正负电荷，而它的正电荷会吸引气球的负电荷。

3. 活动的小吸管，观察带电物体相互吸引和排斥

(1)将两根吸管平行地放在桌面上，中间间隔 5cm。

(2)用羊毛摩擦另外两根吸管，将其中一根横放在桌面上的两根吸管上，然后将另外一根分别从两侧交替地靠近它，注意不要让它们接触，如图 2-7(a)所示。

(3)观察横放的一根吸管是否会前后滚动，为什么？

(4)用被羊毛摩擦过的玻璃棒进行同样的操作，如图 2-7(b)所示，又会观察到什么现象？

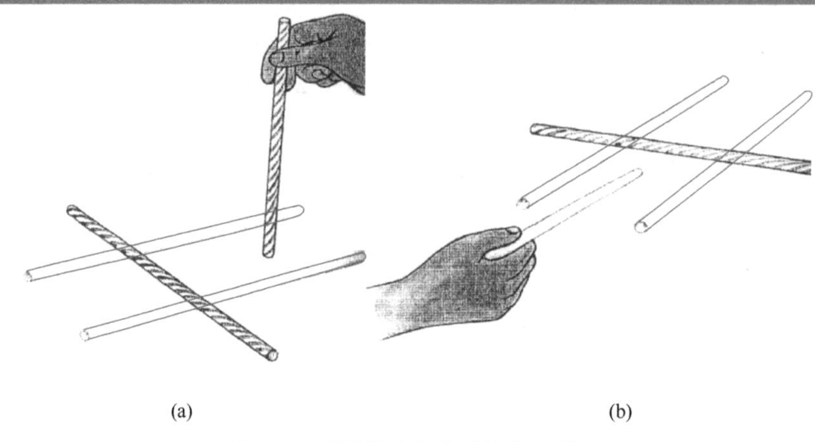

(a) (b)

图 2-7 两根带电细管(棒)相互作用

提示：

被摩擦过的塑料吸管带上了负电荷，而被羊毛摩擦过的玻璃棒带上了正电荷。

4．操作实验室提供的静电起电机

观察起电与放电；观察静电跳球、静电摆球、尖端放电、富兰克林轮、静电滚筒等实验现象。

六、思考题

(1)想一想实验中哪些操作环节还可以用别的方法来实现；

(2)查阅资料，谈谈哪些科学家对人类认识静电现象做出了贡献；

(3)上网搜索“静电”，谈谈日常生产生活中静电现象的危害及其预防措施。

七、参考文献

姜守平．2001．住宅室内静电感应产生及消除的方法．中国住宅设施，(4)：59-62.

慕家骁，侯福平，孙文波．2010．静电感应对通信机房 IP 数据设备的危害及其防护．广东通信技术，(4)：65-68.

实验 3

超导体及磁悬浮技术

一、背景资料

1911 年，荷兰物理学家昂内斯(H. K. Onnes)在测量金属电阻的低温特性时发现，水银的直流电阻在温度降至 4.2K 时突然消失，如图 3-1 所示。他认为这时水银进入了一种以零电阻值为特征的新物态，并称之为“超导态”，把这种具有零电阻的材料称为超导体，把电阻降为零的温度称为超导体的转变温度或临界温度(T_c)。随后，人们又发现了许多元素超导体、合金和化合物超导体，其中，T_c 最高的单质元素超导体是金属铌(Nb，T_c =9.3 K)，T_c 最高的合金和化合物超导体是 1973 年发现的铌三锗(Nb_3Ge，T_c =23 K)，这些都属于低温超导体。

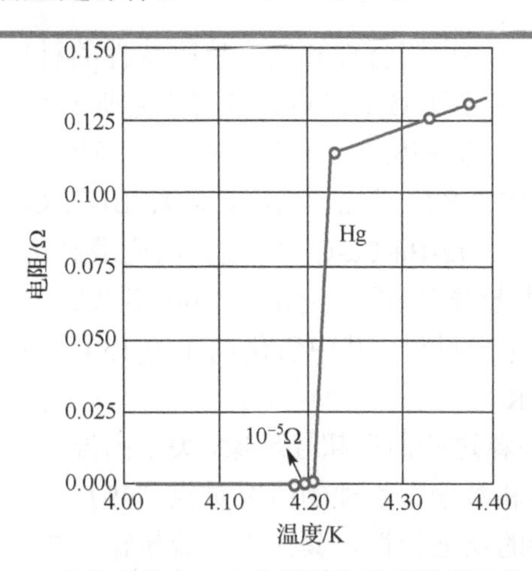

图 3-1　水银(汞)在 4.2 K 附近电阻值随温度的变化

关于低温超导的理论，由巴丁(J. Bardeen)、库珀(L. N. Cooper)和施里弗(J. R. Schrieffer)于1957年提出，他们在同位素效应、超导能隙等实验结果的基础上，首次提出了电子对的概念，其计算结果表明，当费米面附近的两个电子将形成束缚的电子对时，其总能量低于两个独立电子的能量之和，这种电子对被称为库珀对。库珀对是超导理论的基础，以此建立的BCS理论是第一个成功解释超导现象的微观理论。

1933年，德国物理学家迈斯纳(W. Meissner)等在对球状锡超导体的磁场分布进行测量时发现，超导体具有完全抗磁性，又称为迈斯纳效应，如图3-2所示。即当超导体进入超导态后，其内部磁感应强度始终为零，与超导体进入超导态的过程无关。只有零电阻性的材料并不具有完全抗磁性，故完全抗磁性是超导体的另一基本特性。

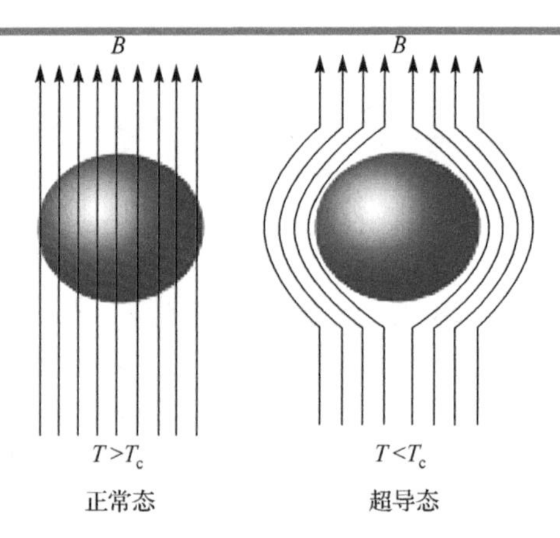

图3-2 当超导体进入超导态(TMTc)后，其内部磁感应强度始终为零(在弱磁场条件下)

因此，只有同时具有零电阻特性和完全抗磁特性的材料才能称之为超导体。

自1986年乔治·贝诺兹(J. G. Bednorz)和阿历克斯·穆勒(K. A. Müller)发现35K的镧钡铜氧(La-Ba-Cu-O)超导体之后不久，临界温度超过90K的超导体相继被发现，突破了液氮温度(77.3 K)，包括Y-Ba-Cu-O、Bi-Sr-Ca-Cu-O、Tl-Ba-Ca-Cu-O、Hg-Ba-Ca-Cu-O等，其中Hg-Ba-Ca-Cu-O临界温度最高达135K，从而开创了液氮温度超导体(称之为高温超导体)的新纪元。2000年以后，人们又发现了MgB_2、铁基超导材料、硫化氢等超导材料，其中硫化氢在约150万atm(latm=1.01325×10^5Pa)下的临界温度高达203 K。

用BCS理论无法解释这些高温超导现象，关于高温超导体的理论机制至今仍不清楚，是目前材料科学和凝聚态物理的研究重点和热点之一。

由于超导材料独特的物理特性，其在大电流传输电缆、强磁场磁体、核磁共振成像仪、超导电机和发电机、微波器件、超导量子干涉器件、磁力船舶推进系统、电磁弹射装置、磁悬浮列车、大型强子对撞机、国际受控热核聚变实验堆等国际大型科技工程方面，得到了广泛应用，并取得良好的经济和社会效益。高温超导材料及其相关应用技术的实用化，将对与国民经济发展密切相关的能源、交通、医疗及产业的升级等起到积极的推进作用。

二、实验目的

(1) 认识超导体，掌握超导体的基本特性；
(2) 掌握液氮的操作方法；
(3) 掌握超导体与永磁体之间的磁力特性；
(4) 掌握场冷方式对超导磁悬浮力大小的影响规律；
(5) 掌握永磁体磁极的改变对场冷后超导体磁力的影响规律；
(6) 掌握磁体的磁场分布对超导磁悬浮效果的影响规律。

三、实验原理

超导体是一种独特的材料，当超导体处于其临界温度 T_c 以上时，超导体处于正常态，和其他材料一样；当超导体处于其临界温度 T_c 以下时，超导体处于超导态，具有宏观量子力学特性，具体表现为具有零电阻特性和完全抗磁特性。

处于超导态的超导体，只有在外加磁场很小的情况下才能呈现完全抗磁特性。随着外加磁场的增大，超导体会呈现两种情况：

(1) 当外加磁场小于某一临界磁场强度 H_c 时，超导体处于完全抗磁效应状态(也称之为迈斯纳效应状态)；当外加磁场增大到某一临界磁场强度 H_c 后，超导体就会由完全抗磁效应状态转变到正常态，不再具有超导电性。这类超导体被称为第一类超导体。

(2) 当外加磁场小于某一特定值(下临界磁场强度 H_{c1})时，超导体处于完全抗磁效应状态(也称之为迈斯纳效应状态)；当外加磁场增大到 H_{c1} 后，磁通线开始由外到内向超导体内穿透，进入由正常态和超导态组成的混合态，但仍具有超导电性；当外加磁场进一步增大到另一特定值(上临界磁场强度 H_{c2})后，超导体就由混合态转变到正常态，不再具有超导电性。这类超导体被称为第二类超导体。

处于超导态的第一类超导体或处于迈斯纳效应状态的第二类超导体，都具有完全抗磁特性，它与永磁体之间只有排斥力，很难实现稳定的磁悬浮。只有处于混合态的第二类超导体与永磁体之间同时具有排斥力和吸引力，从而可使两者之间实现自稳定的磁悬浮。

在无外加磁场时将超导体冷却到其临界温度 T_c 以下(称之为零场冷方式)后，超导体则处于完全抗磁效应状态，这时超导体与永磁体之间只有排斥力，很难实现稳定的磁悬浮。在有外加磁场时将超导体冷却到其临界温度 T_c 以下（称之为场冷方式）后，超导体则处于混合态，这时超导体与永磁体之间同时具有排斥力和吸引力，但是排斥力和吸引力的大小与超导体捕获磁通量的大小有关，超导体捕获磁通量的大小取决于超导材料的本质特性和外加磁场强度的大小。在超导体与永磁体异性磁极相对的情况下，捕获磁通量越大，超导体与永磁体之间的排斥力越小，吸引力越大，两者之间的悬浮间距越小，悬浮稳定性越好；在超导体与永磁体同性磁极相对的情况下，捕获磁通量越大，超导体与永磁体之间的排斥力越大，吸引力越小，两者之间的悬浮间距越大，悬浮稳定性越差。

超导体与永磁体之间不仅可以实现稳定的磁悬浮，而且可以通过改变磁体的磁场分布，使超导体处于不同的悬浮状态，如悬浮于具有轴对称磁场分布圆形永磁体之上的超导体可自由旋转，悬浮于具有横向均匀、纵向不均匀磁场分布轨道之上的超导体可用于磁悬浮输运系统，悬浮于具有非均匀磁场分布磁体之上的超导体可实现定点静止磁悬浮，等等。

四、实验器材

超导体、永磁体、垫片、组合磁体轨道、液氮、小液氮杜瓦瓶、竹镊子、玻璃皿、装超导体的容器等。

五、实验内容

1. 掌握液氮安全操作的方法

(1) 必须在通风良好的环境下进行液氮操作。

(2) 需佩戴安全防护面罩防护面部及眼睛，戴防寒防渗入手套，穿戴安全工装。

(3) 一旦操作现场出现大量气雾，或液氮流体飞溅流动，迅速撤离现场，做好安全防护。

(4) 从液氮罐向小杜瓦中倒液氮，以及用小杜瓦向装有超导体的容器中注入液氮冷却超导体时，防止液氮飞溅，做好安全防护。

(5) 实验结束后，将剩余的液氮倒回液氮罐，用专用的盖子盖好，恢复到原来状态。

2. 认识超导体，掌握超导体的基本特性

用 T_c 约 93K 的 REBCO 超导块材和永磁体进行实验。在远离磁体的情况下，用液氮将超导体冷却到 77.3 K，使超导体处于超导态。

(1) 将处于超导态的超导体置于永磁体之上，发现超导体会被永磁体排斥；

(2)将永磁体置于处于超导态的超导体之上，发现永磁体也会被超导体排斥，无法实现稳定的磁悬浮。

这两种情况均可用超导体的两个基本特性(零电阻特性和完全抗磁特性)解释。

3．掌握超导体与永磁体之间的磁力特性

1)永磁体与永磁体之间的磁力特性

用两个永磁体体验永磁体与永磁体之间的磁力特性。

(1)当两个永磁体同性磁极相对时，两者之间呈现排斥力；

(2)当两个永磁体异性磁极相对时，两者之间呈现吸引力；

(3)当两个永磁体的间距确定不变时，两者之间的相互作用力恒定不变。

实验结果表明，在没有其他条件约束的情况下，当两个永磁体的间距确定不变时，两者之间的相互作用力与其间距一一对应，如图 3-3 所示，两个永磁体之间无法实现稳定的磁悬浮。

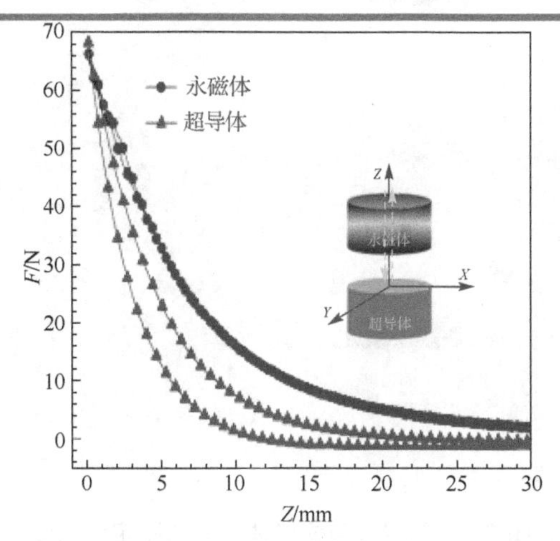

图 3-3　超导体与永磁体之间的稳定磁悬浮示意图

2)超导体与永磁体之间的磁力特性

用超导体与永磁体体验超导体与永磁体之间的磁力特性，在远离磁体的情况下，用液氮将超导体冷却到 77.3 K，使超导体处于超导态。

(1)当超导体与永磁体的间距较大，或者当超导体接近永磁体时，两者之间呈现排斥力；

(2)当超导体接近永磁体一段时间，在离开永磁体时，两者之间会呈现较小的吸引力。

实验结果表明，当超导体与永磁体的间距确定不变时，两者之间的相互作用力

与其间距并非一一对应，如图 3-3 所示。超导体与永磁体之间同时具有排斥力和吸引力，从而可使两者之间实现自稳定的磁悬浮。

4．掌握场冷方式对超导磁悬浮力大小的影响规律，并进行磁悬浮实验

用超导体与永磁体体验超导体与永磁体之间的磁力特性，在有永磁体的情况下，用液氮将超导体冷却到 77.3 K，使超导体处于超导态。在超导体与永磁体异性磁极相对的情况下进行实验。

(1) 当超导体与永磁体的间距较大时，将超导体冷却到液氮温度，体验两者之间呈现较大的排斥力、较弱的吸引力，无法实现稳定的磁悬浮。

(2) 当超导体与永磁体的间距较小时，将超导体冷却到液氮温度，体验两者之间同时具有较大的排斥力和较大的吸引力，故可实现稳定的磁悬浮，如图 3-4 所示。

图 3-4 超导体与永磁体之间的稳定磁悬浮

实验结果表明，在超导体与永磁体异性磁极相对的情况下，超导体与永磁体的间距越小，超导体与永磁体之间的排斥力越小，吸引力越大，两者之间的悬浮间距越小，悬浮稳定性越好。

5．掌握永磁体磁极的改变对场冷后超导体磁力的影响规律

用超导体与永磁体体验超导体与永磁体之间的磁力特性。

(1) 在有永磁体的情况下，用液氮将超导体冷却到 77.3 K，使超导体处于超导态之后，取出永磁体，备用。

(2) 用冷却好的超导体进行实验，在超导体与永磁体同性磁极相对的情况下，体验超导体与永磁体之间大的排斥力、小的吸引力，两者之间的悬浮稳定性差。

(3) 用冷却好的超导体进行实验，在超导体与永磁体异性磁极相对的情况下，体验超导体与永磁体之间较小的排斥力、较大的吸引力，两者之间的悬浮稳定性好。

6．掌握磁体的磁场分布对超导磁悬浮效果的影响规律

超导体与永磁体之间不仅可以实现稳定的磁悬浮，而且可以通过改变磁体的磁场分布，使超导体处于不同的悬浮状态。例如，悬浮于具有轴对称磁场分布圆形永磁体之上的超导体可自由旋转，如图 3-4 所示；悬浮于具有横向均匀、纵向不均匀磁场分布轨道之上的超导体可用于磁悬浮输运系统，如图 3-5 所示；等等。

N	N	N	N	N
S	S	S	S	S
N	N	N	N	N

或

S	S	S	S	S
N	N	N	N	N
S	S	S	S	S

(a) 轨道磁体排列方式

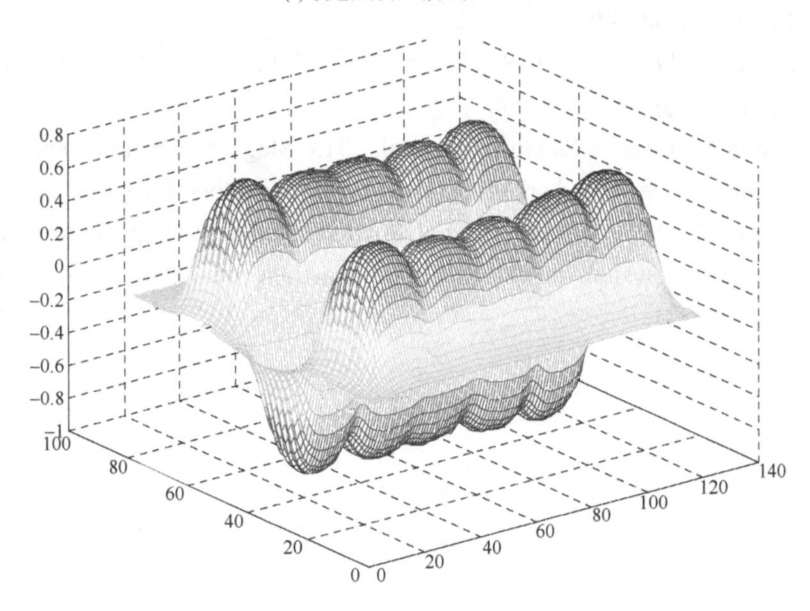

(b) 轨道磁体的磁场分布

图 3-5　磁悬浮输运系统

六、思考题

(1) 永磁体与永磁体之间的磁相互作用力如何？两者之间是否能实现稳定的磁悬浮？为什么？

(2) 超导体与永磁体之间的磁相互作用力如何？两者之间是否能实现稳定的磁悬浮？为什么？

(3) 如何通过改变超导体的冷却方式控制其与永磁体之间的磁相互作用力的大小？为什么？

(4) 举例说明磁体的磁场分布是如何影响超导体磁悬浮状态的。

(5) 试列举几个涉及超导体应用的器件、设备或工程项目。

七、参考文献

杨万民，钞曦旭，武晓亮，等. 2006-10-11. 超导磁悬浮及磁浮飞船实验装置：中国，ZL200410073502.3.

杨万民，李国政，钞曦旭，等. 2010-10-20. 高温超导磁悬浮列车实验装置：中国，ZL200910023445.0.

杨万民，杨芃焘. 2019-8-16. 一种高温超导无接触传动装置：中国，ZL201810480135.0.

Yang W M，Chao X X，Guo F X，et al. 2013. Magnetic levitation and its application for education devices based on YBCO bulk superconductors. Physica C，493：71-74.

Yang W M，Li G Z，Chao X X，et al. 2010. A small high-temperature superconducting maglev propeller system model. IEEE Transactions on Applied Superconductivity，20(5)：2317-2321.

实验 4

二氧化碳的温室效应现象

一、背景资料

温室效应，又称“花房效应”，是大气保温效应的俗称，其原理是太阳发出的短波辐射能穿透大气到达地面并被地面吸收转化为热，地面变热后可放出能被大气吸收的长波辐射并导致大气温度上升，从而起到保温作用，这种作用类似于栽培农作物的温室，故称温室效应。如果地球没有温室效应，则地表平均温度就会下降到−23℃，而实际地表平均温度为 15℃。

不同气体的温室效应不同，大气中几种主要气体的温室效应从高到低的顺序为 CO_2 > 空气> N_2> O_2，并且由于二氧化碳与人类活动息息相关，所以二氧化碳成为最受人们关注的温室气体。研究结果表明，在相同太阳光照射和地面辐射的自然条件下，如果大气中的二氧化碳浓度增加到现在的(385ppm)2 倍，低空大气温度将升高 1.5～4.5℃，这不但影响植物生长，而且由于地球两极冰盖可能缩小，融化的雪水可使海平面上升 20～140cm，对沿岸城市也会产生严重影响。因此，温室效应成为科学家最为关注的研究课题之一。

二、实验目的

(1)了解温室效应产生的原因；

(2)通过实验验证二氧化碳是温室气体。

三、实验原理

温室效应演示装置由 U 形管、导管、带单孔塞的试管以及集气瓶按照一定顺序连接起来构成(A 瓶装有空气，B 瓶装有 CO_2，C、D 为装有空气的试管)，如图 4-1 所示。当 A 瓶和 B 瓶同时受到能量相同的光线照射时，B 瓶中的二氧化碳气体吸收热量后，温度上升较快，且热量散失较少，使 D 试管内气体受热膨胀。相比之下，C 试管内温度上升较慢，气体膨胀较少。一段时间后，当 D 试管内的气压大于 C 试管内的气压时，C 试管内液柱升高，D 试管内液柱下降。

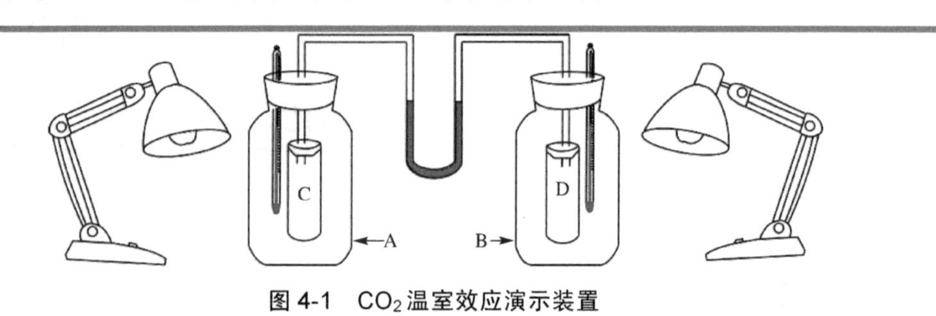

图 4-1 CO_2 温室效应演示装置

四、实验器材

气体发生器(1 套)、集气瓶 500mL(带双孔塞子，2 个)、试管(带单孔塞子，2 个)、U 形管(1 个)、导管(2 个)、橡胶管、电灯泡(100W，2 个)、铁架台(2 个)、量程 0～50℃温度计(分度为 0.01℃，2 支)。

大理石、HCl 溶液(4mol/L)、红墨水。

五、实验内容

(1) 按照图 4-2 连接气体发生器。

(2) 在流速控制器关闭的条件下向储液杯中加入适量 4mol/L 的 HCl 溶液，打开流速控制器，控制液体的滴速大约为 1 滴/s。将出气导管插入集气瓶底部，收集一瓶 CO_2 气体待用(可用燃烧的火柴在瓶口检验，如果火柴熄灭，则 CO_2 气体已满)。

(3) 向 U 形管中注入红墨水，然后固定在铁架台上。

(4) 用橡胶管将导管、U 形管、集气瓶和试管按照图 4-1 所示连接 CO_2 温室效应演示装置 (A 瓶内只有空气，B 瓶收集满 CO_2 气体，C、D 为装有空气的试管)，并插入温度计。

(5) 用 100W 的电灯泡照射集气瓶，观察红墨水的移动方向。

(6) 每隔 2min 分别记录 A 瓶和 B 瓶的温度，30min 后停止记录，绘制两瓶的温度随时间变化的曲线。

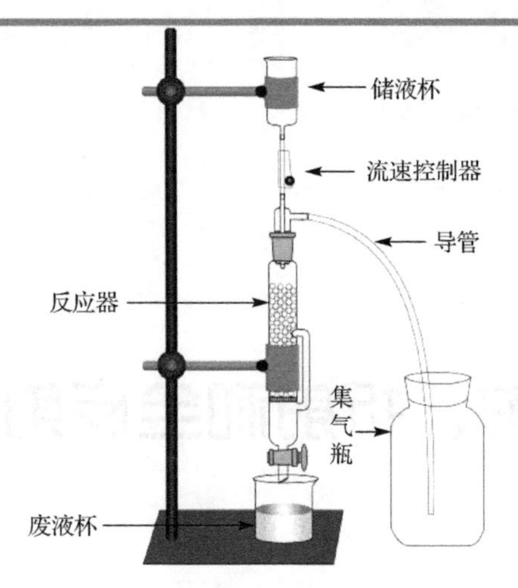

图 4-2　新型气体发生器

六、思考题

从本次实验中我们可以了解到二氧化碳的什么作用？日常生活中如何减少二氧化碳的排放？

七、参考文献

韩香玉，卢照方. 2011. 温室效应和温室气体监测. 分析仪器，(6)：72-74.

黄汉生. 2001. 温室效应气体二氧化碳的回收与利用. 现代化工，21(9)：53-57.

刘国. 2007. 二氧化碳可产生温室效应的实验设计. 教学仪器与试验，23(12)：14-15.

王协琴. 2008. 温室效应和温室气体减排分析. 天然气技术，2(6)：53-58.

实验 5

光的反射、折射和全反射现象及应用

一、背景资料

光的反射、折射是自然界最常见的光学现象，只要有光的地方，就有光的反射和折射现象的存在，因此光的反射、折射定律也是最早发现的定量描述光学现象的定律。

光的反射定律一般通过图 5-1 所示光路的上半部分来描述，主要包括以下几个方面的内容，即反射光线 *OR*、入射光线*SO*、法线 *AN* 都在同一平面内；反射光线 *OR*、入射光线 *SO* 分居法线*AN* 两侧；反射角等于入射角。

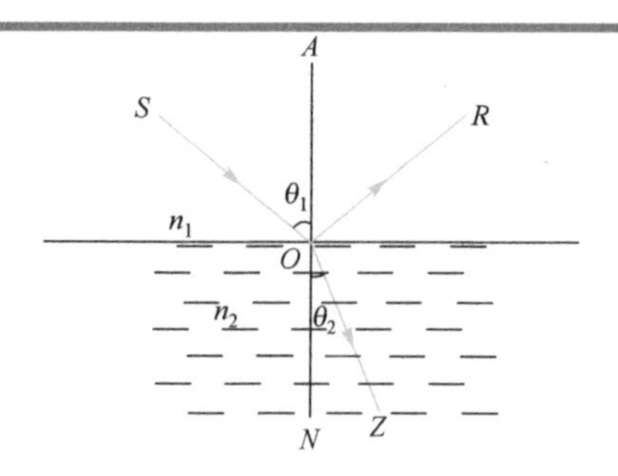

图 5-1　光的反射与折射

关于反射定律，还应该进一步认识到：反射发生在两种折射率不同的介质的界面处；界面处折射率可以是突变的，也可以梯度变化的；界面可以是平面，也可以是任意曲面；同时入射光线决定反射光线，反射角随入射角的增大而增大、减小而减小。当垂直入射时，入射角等于反射角，均为 0°。

当光从一种介质射向另一种介质的平滑界面时，一部分光被界面反射，另一部分光透过界面偏折射进入另一种介质中，此即光的折射现象。折射定律是对折射现象的定量描述。在图 5-1 中，折射光线 OZ 位于入射光线 SO 和法线 AN 所决定的平面(称为入射面)内，折射光和入射光分别在法线的两侧，并满足关系

$$n_2/n_1=\sin\theta_1/\sin\theta_2$$

此即光的折射定律。

虽然折射定律已经定量描述了光折射现象，但是在折射定律的应用中要进一步认识到：折射界面可以是任意曲面；同时，当光从光疏介质斜射入光密介质中时，折射角小于入射角；当光从光密介质斜射入光疏介质中时，折射角大于入射角。

由上述论述可知，“光由光密介质斜射入光疏介质中时，折射角大于入射角”，如图 5-2 所示，$\theta_2>\theta_1$。

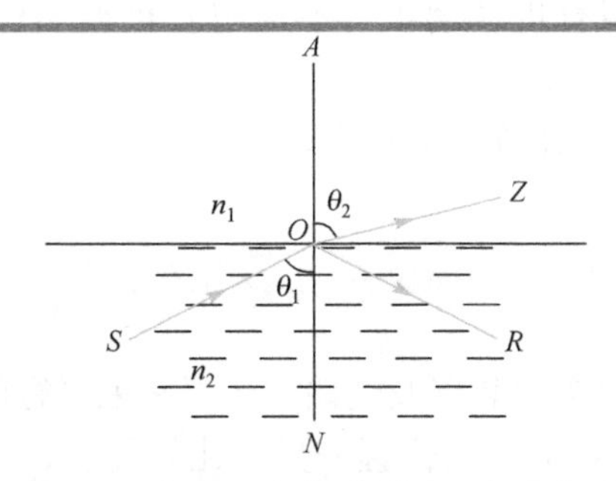

图 5-2　光由光密介质斜射入光疏介质

这表明，当入射角大于某角度时，折射光将消失，光线被完全限制在光密-光疏界面以下，如图 5-3 所示，此即光的全反射现象。

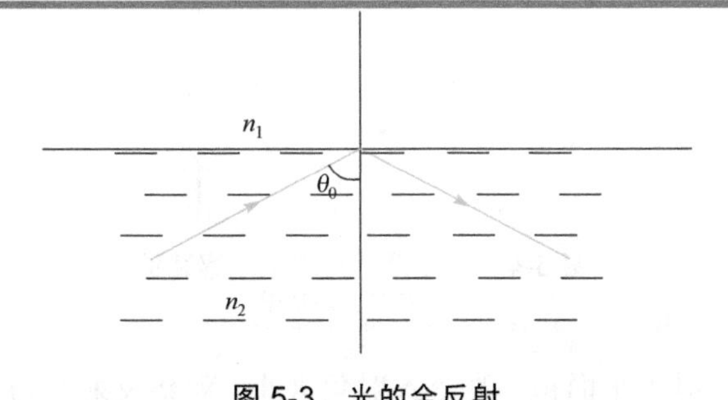

图 5-3　光的全反射

光的全反射，是光的反射、折射中的特殊现象，也是最重要的光学现象之一。光的全反射原理，是现代光纤通信技术的“基石”，也是现代光学测量技术的理论基础之一。

二、实验目的

(1)定性了解光的折射角大小与光波长间的关系；
(2)建立光密、光疏介质概念，了解光的折射、反射定律；
(3)理解形成全反射的物理条件；
(4)了解光的全反射原理在现代科技中的应用。

三、实验器材

有机玻璃三棱镜，红色、绿色激光笔，平面镜，绿色激光器，透明有机玻璃水槽，超声雾化器，透明有机玻璃板，不透明有机玻璃板，光学升降架和铁台架组件等。

为了保证实验效果，要求在较暗的环境下进行实验。

四、实验内容

(1)利用图 5-4 所示的实验装置及光路，观察两束平行的红色、绿色激光束同时通过三棱镜时，在墙壁上投射点的位置差异，比较红色、绿色激光束通过三棱镜后折射角的大小，了解折射角与光波长(颜色)的关系。

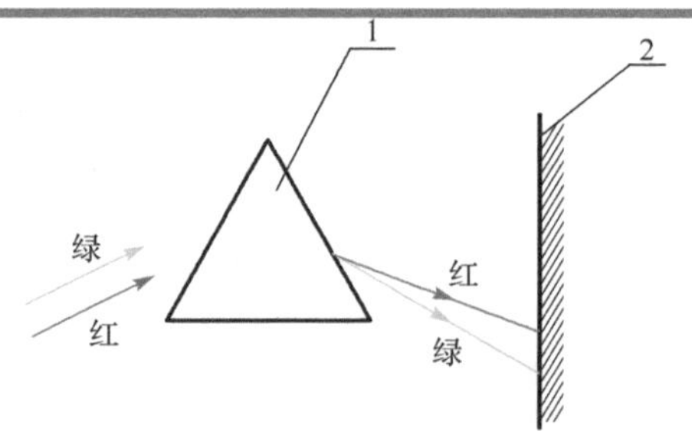

图 5-4 三棱镜折射现象观察装置
1-三棱镜；2-墙壁

(2)用激光束入射于平面镜，改变入射角大小，观察反射光与入射光之间角度变化。观察激光束垂直入射平面镜时反射光的方向。

(3)利用图 5-5 所示的实验装置与光路，观察激光束由空气垂直入射水中时，在空气与水界面的传输现象。

(4)利用图 5-5 所示的实验装置与光路，改变激光束在水面上的入射角，观察激光束由空气进入水中时，在界面上的反射和折射现象，比较入射角、反射角和折射角的大小，了解折射角与水折射率间的关系。

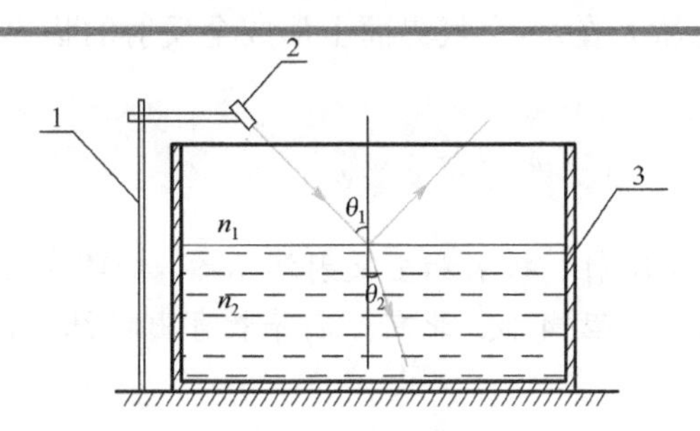

图 5-5　光由空气进入水时在界面上的反射、折射现象观察装置

1-支架；2-激光器；3-水槽

(5) 利用图 5-6 所示装置与光路，观察激光束由水进入空气时，在界面上的反射和折射现象，比较入射角、反射角和折射角的大小。

(6) 利用图 5-6 所示装置与光路，逐渐增大激光束由水进入空气时在界面上的入射角，观察激光束在水-空气界面上的反射角和折射角的变化情况，增大入射角到某一角度时，折射进入空气的激光束突然消失，反射激光束亮度突然增大，激光束被完全“限制”在水中并折线传播，此即光的全反射现象。

(7) 用三角板测量图 5-6 所示的水槽中水的深度，测量刚好形成全反射时相邻激光束在水面上的入射点到水箱底部入射点之间的距离，即用三角函数公式计算得到全反射临界角的大小。

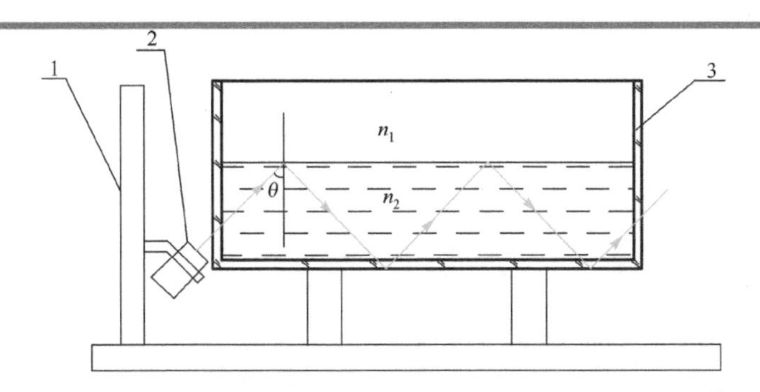

图 5-6　光由水进入空气时在界面上的反射、折射现象观察装置

1-支架；2-激光器；3-水槽

五、思考题

(1) 太阳为什么在早、晚看起来更红、更大？

(2)为什么光由光密介质进入光疏介质时可能发生全反射，光由光疏介质进入光密介质时不会发生全反射？

(3)测量计算绿色激光在水-空气界面上形成全反射的临界角。

六、参考文献

胡米宁. 2004. 光的反射、折射和全反射演示器. 物理实验，24(9)：34-35，37.
姚启钧. 2008. 光学教程. 4版. 北京：高等教育出版社：118-123.

实验 6

海市蜃楼的实验模拟与彩虹形成原理解析

一、背景资料

自然界的光学现象可谓千千万万，其中大部分有规律、可预见、经常性地出现，如日食、月食、闪电等，而有些光学现象的出现具有随机性，即不可预测性，如彩虹、海市蜃楼等，因此更显其神秘。随着科学技术的发展，科学家已对人类已知自然光学现象的形成原理给出了科学解释，破除了迷信传说，并由许多自然现象得到启发，促进了科学技术的发展。自然界的绝大多数光学现象的形成，基于光的反射、折射、衍射和直线传播等基本原理，因此深刻理解光的基本定律，是认识奇异光学现象的基础。

二、实验目的

(1) 了解海市蜃楼形成的光学原理，认识光在非均匀介质中曲线传播的物理现象；

(2) 理解彩虹形成的光学原理。

三、实验器材

“上蜃景”海市蜃楼实验模拟装置、“下蜃景”海市蜃楼实验模拟装置和彩虹形成原理实验演示装置。

为了保证实验效果，要求在较暗的环境下进行实验。

四、实验内容

1. 海市蜃楼现象的实验模拟及原理解析

海市蜃楼是一种光学幻象，由于其形成的条件较严格，因此形成的“海市蜃楼”往往持续时间短，且忽明忽暗，无法采用人为因素控制，在被充分认识以前，往往被神秘化甚至迷信化。

海市蜃楼现象通常出现在海面上方或沙漠里，由于那里的环境温度变化相对缓慢，因此出现的海市蜃楼现象的持续时间相对较长。形成海市蜃楼现象的必要条件之一，是有阳光照射。阳光照射的直接作用，是在海面或沙漠上方的空气中形成垂直方向的温度梯度，温度梯度的形成，使空气折射率发生梯度变化(连续渐变，即逐渐增大或逐渐减小)。

由光的全反射定律可知，当光线经过光密介质(折射率较大)进入光疏介质(折射率较小)时，只要入射角等于或大于临界角，在两种介质的界面上会发生全反射。由于阳光照射过的海水或沙漠，其上方的空气折射率是逐渐变化的，因此物体反射的太阳光穿过近地(海)面时，必然弯曲传输，这就是海市蜃楼现象形成的原因。

常见的海市蜃楼现象有两种，即“上蜃景”和“下蜃景”。

1)“上蜃景”的形成原理

“上蜃景”多出现在海面上空，看到的为正立像，如图 6-1 所示。

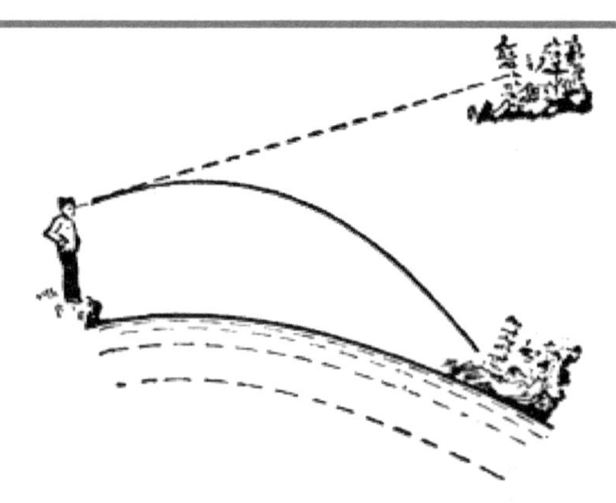

图 6-1 “上蜃景”的形成原理

在阳光照射下的海水蒸发，使得近海面的空气中水蒸气浓度较大，空气密度较高空处大，也就是海面上方的空气折射率由下向上逐渐减小。由于光线总是朝折射率大的方向偏折，因此远处物体反射的阳光穿过近海面空间时，不会直线传输，而会向海面方向弯曲。这样人们依据早就建立的光直线传输的概念，必然判断出“物体”在进入眼睛处光线的切线方向上。显然很容易判断出看到的“物体”必然在真实物体的上方，此即“上蜃景”。

2)“上蜃景”的实验模拟

“上蜃景”的实验模拟装置如图 6-2 和图 6-3 所示，该模拟装置由连在一起的两个水槽(均为 60cm×40cm×50cm)，照明灯，激光笔和两个大小、形状相同的物件等组成。

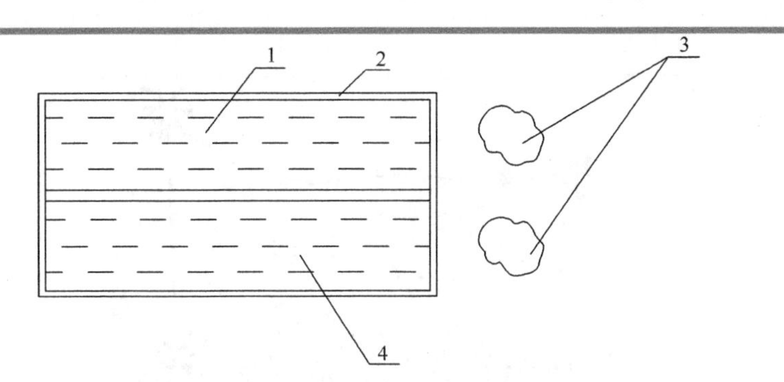

图 6-2　“上蜃景”的实验模拟装置的俯视图
1-自来水；2-水槽；3-物件；4-过饱和盐水

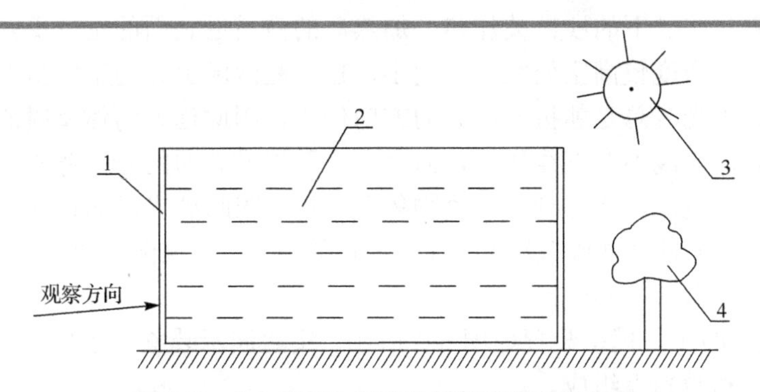

图 6-3　“上蜃景”的实验模拟装置的正视图
1-水槽；2-过饱和盐水；3-光源；4-物件

在水槽中注入清水至水槽容量的 4/5，在另一个水槽的底部平铺约 4kg 的大颗粒工业盐，然后缓慢加入清水至与清水槽中水面等高。静置 6h 后，盐水槽中形成过饱和盐溶液，其盐水浓度呈现由下向上逐渐减小的梯度分布状态，即盐水的折射率由上向下逐渐增大。

(1)打开照明灯开关，从图 6-3 所示的位置，同时透过清水槽和盐水槽观察两个位置和大小相同的物件，即可透过盐水槽看到物件的高度压缩、底部位置抬高。

(2) 激光笔出射的激光束从图 6-2 和图 6-3 所示的盐水槽的物件放置处水平入射盐水槽，这时从盐水槽的侧面即可看到水平入射的激光束向水槽底部(盐水浓度增大方向，即折射率的增大方向)弯曲。

结合“上蜃景”的形成原理和图 6-1，即可知道透过盐水槽看到的物件的高度压缩、位置抬高的原理。

3)“下蜃景”的形成原理

“下蜃景”海市蜃楼现象多出现在沙漠和公路表面，看到的为倒立像，如图 6-4 所示。

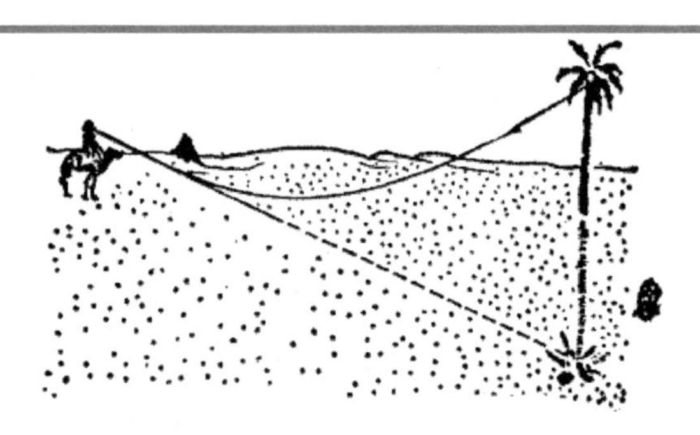

图 6-4 “下蜃景”的形成原理

由于在阳光照射下的沙粒被加热，加热后的沙漠近表面的空气受热膨胀，密度变小，造成空气密度较高空处空气密度小，也就是沙漠上方的空气折射率由下向上逐渐增大。由于光线总是朝折射率大的方向偏折，因此远处物体反射的阳光穿过近沙漠的空间时，光线不会直线传输，而会向离开沙漠表面的方向弯曲。这样人们依据光直线传输的概念，必然判断出“物体”在进入眼睛处光线的切线方向上。显然很容易判断出看到的“物体”必然在真实物体的下方，且成倒立像，即为“下蜃景”。

4)“下蜃景”的实验模拟

“下蜃景”的实验模拟装置如图 6-5 所示。实验演示装置由水槽、半导体制冷系统、悬挂物件和激光笔组成。

(1) 在水槽中注入清水至水槽容量的 3/4，在水槽内的支架上水平放置半导体制冷片，并使热面向上，将物件悬挂在半导体制冷片右端的斜上方。给半导体制冷片通电，这时按图 6-5 所示方向观察半导体制冷片的上表面，即可看到悬挂物件的部分倒立像。断开电源，半导体制冷片表面的物件倒立像消失。此即“下蜃景”海市蜃楼的实验演示。

(2) 激光笔出射的激光束，从图 6-5 所示水槽的右侧，掠入射(入射角趋于 90°)通电半导体制冷片的上表面，这时从水槽的侧面即可看到激光束在半导体制冷片上表面出现全反射。断开电源，半导体制冷片表面的反射特性消失。

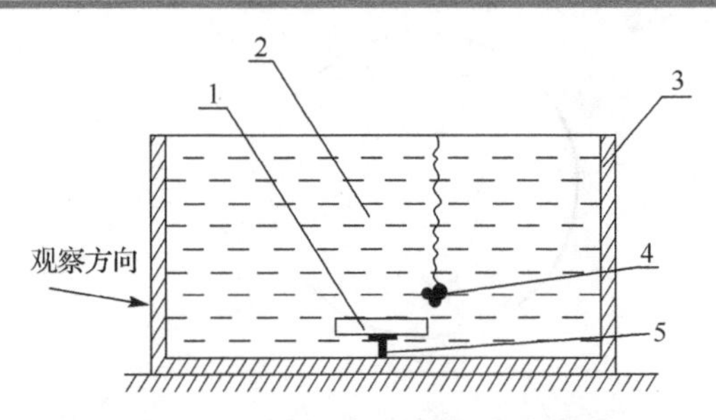

图 6-5　“下蜃景”的实验模拟装置
1-半导体制冷片；2-自来水；3-水槽；4-悬挂物件；5-支架

结合“下蜃景”海市蜃楼形成的原理和图 6-4，即可知道在半导体制冷片表面看到物件倒立像的原理。

2．彩虹形成原理解析

1)彩虹形成的光学原理

太阳光本身包含不同颜色、频率的色光，不同频率的色光在于同一种介质中的折射率并不相同。因此太阳光通过介质时，不同颜色的光线因折射率不相同而形成色散现象。这一现象在中学以及前面的实验中已熟知。

但是，雨后天空中悬浮的并不是大量的“三棱镜”，而是小水珠，因此只有了解水珠如何折射、反射，才是“破解”彩虹形成原理的“钥匙”。

如图 6-6 所示，设空中的小水滴为球形，故可取一个剖面来研究一束光线在其中的折射和反射情况。太阳光在水滴表面，经过“折射—反射—折射”，由阳光的入射侧射出。由于色散作用，经过两次折射，不同颜色的光线明显分开，如图 6-6 中往下方射出的光线所示。因此，就有可能形成我们所看到的主虹。如果经过“折射—反射—反射—折射”的历程，这些光线(如图 6-6 中朝上方射出去的光线)因为射向天空，所以在地面上的人无法看到它们。若另一束光线从水滴下方入射，经过“折射—反射—反射—折射”后便会射向地面，这些分散的光束就有可能形成我们所看到的二次虹。如果光线在水滴内经过三次反射再折射出来就有可能形成三次虹。四次虹、五次虹……以此类推。

2)彩虹产生的条件

只要空气中有水滴，而阳光正在观察者的背后以低角度照射，便可能产生可以观察到的彩虹现象。彩虹最常在下午雨后刚转天晴时出现，这时空气内尘埃少而充满小水滴，天空的一边因为仍有雨云而较暗，观察者头上或背后已没有云的遮挡而可见阳光，这样彩虹便会较容易被看到。另一个经常可见到彩虹的地方是瀑布、喷泉附近。在晴朗的天气下，背对阳光在空中洒水或喷洒水雾，亦可以人工制造彩虹。

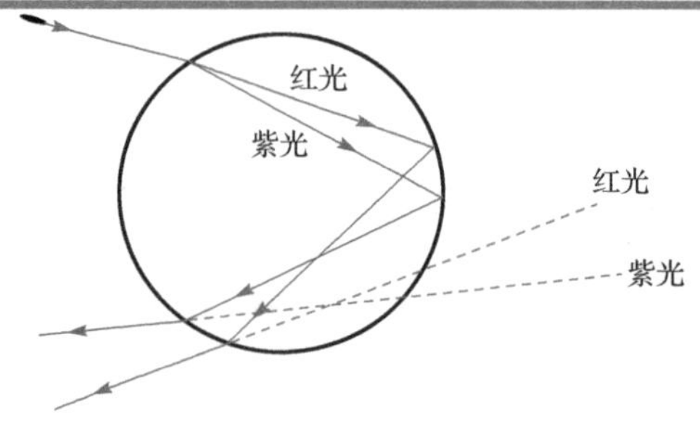

图 6-6 水珠折射、反射分光光路

3）彩虹光学原理的实验演示

彩虹光学原理的实验演示装置如图 6-7 所示，由透明有机玻璃圆桶、设置在有机玻璃圆桶侧壁外侧的遮光板以及安装在遮光板上的 LED 手电筒组成。

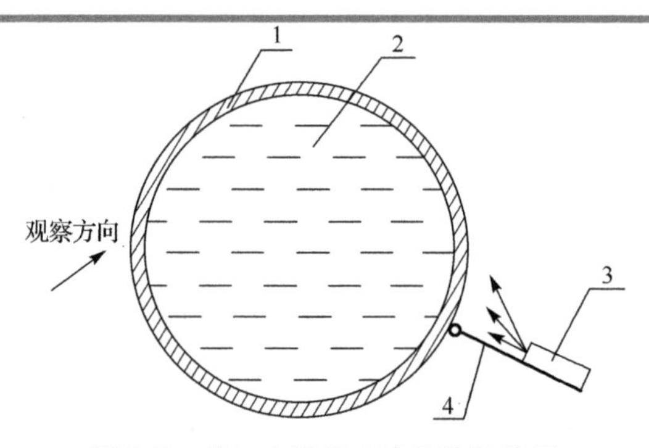

图 6-7 彩虹光学原理实验演示装置

1-透明有机玻璃圆桶；2-自来水；3-LED 手电筒；4-遮光板

按图 6-7 所示组装好后，在透明有机玻璃圆桶注满自来水，打开手电筒，转动遮光板，同时从图中所示方向观察。当遮光板转动到某一位置时，即可看到透明有机玻璃圆桶中出现彩虹。由于实验室中无其他彩色光源，因此可以肯定彩虹光来自实验装置对 LED 光源（白色光）的折射—反射—折射分光，即为彩虹形成的光学原理。

五、思考题

（1）为什么在阳光的照射下，有时会看到前面公路上的汽车在“水面”上行驶，并能看到汽车的倒影？

（2）为什么彩虹总是圆弧形的？

（3）人处在不同位置，看到的彩虹是否在同一确定位置？

六、参考文献

陈晓莉. 2005. “海市蜃楼”现象成因分析及模拟实验. 教学仪器与实验，(2)：20-21.

孙淑清. 2002. 海市蜃楼现象及其实验演示. 物理教学，24(11)：47-48.

实验 7

奇妙的浮沉子

一、背景资料

18 世纪 70 年代，美国人 D. 布什内尔建成一艘单人操纵的木壳艇“海龟”号，如图 7-1 所示，通过脚踏阀门向水舱注水，可使艇潜至水下 6m，能在水下停留约 30min。艇上装有两个手摇曲柄螺旋桨，使艇获得 3kn（1kn=1.852km/h）左右的速度，操纵艇的升降。艇内有手操压力水泵，排出水舱内的水，使艇上浮。艇外携一个能用定时引信引爆的炸药包，可在艇内操纵并系放于敌舰底部，作为秘密武器。1776 年 9 月，“海龟”号潜艇偷袭停泊在纽约港的英国军舰“鹰”号，虽未获成功，但开创了潜艇首次袭击军舰的先河。

经过多年发展，潜艇已经变成一个庞然大物（图 7-2），但这样大的潜艇却能自由地上浮与下沉，它是怎样在水中实现浮沉的呢？什么决定了潜艇的浮沉？生活中

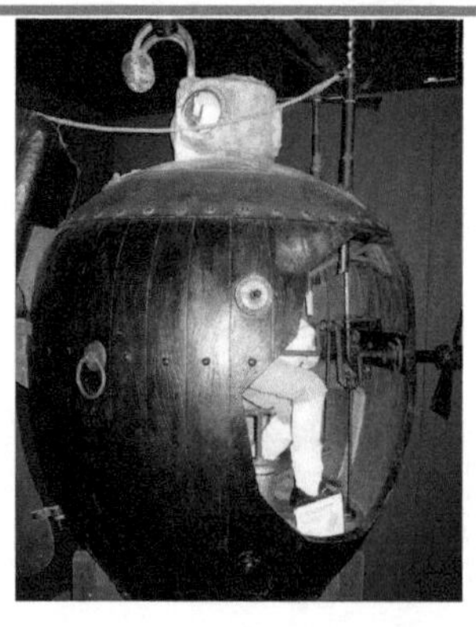

图 7-1　木壳艇“海龟”号模型

图 7-2　潜艇

有很多有关浮沉的例子，如浸没在水中的木块为什么向上浮起？浸没在水中的铁块为什么沉到容器底部？浸没在水银中的铁块为什么向上浮起？钢铁制成的船为什么能在海面上航行？密度计是如何测量待测液体的密度的？鱼类为什么能随意地上浮和下沉呢？为了探究物体的浮沉条件，我们利用浮沉子来做一些有趣的浮沉实验。

浮沉子，又名“浮沉玩偶”或“潜水娃娃”，它是由法国科学家笛卡儿(1596～1650)所创造。浮沉子实验是学生学习浮力时常做的一个有趣实验，做过此实验的都知道，当我们压橡皮薄膜时，浮沉子下沉；而松开手后，浮沉子就会上浮。俗话说，透过现象看本质，浮沉子的下沉和上浮是由什么因素决定的呢？遵循什么样的规律？这需要我们通过实验做进一步探究。

二、实验目的

(1)了解物体的浮沉条件；

(2)学习浮沉子的浮沉原理。

三、实验原理

1．物体的浮沉条件

(1)将实验桌上同样重量的实心橡皮泥小球和橡皮泥小船分别投入水中，观察它们在水中的浮沉情况。通过观察我们发现：浸没在液体中的物体，当受到的浮力($F_{浮}$)大于重力(G)时，物体会上浮最终漂浮；当 $F_{浮}$小于 G 时，物体会下沉；当 $F_{浮}$等于 G 时，物体有可能悬浮在液体中，如图 7-3 所示。

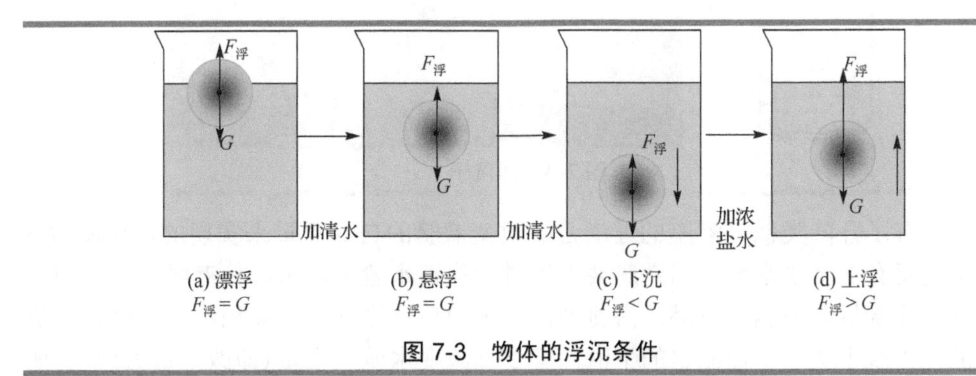

图 7-3　物体的浮沉条件

(2)想办法改变它们的沉浮，并思考可以通过什么方法来改变它们原来的浮沉情况。我们发现，在物体体积不变的情况下，物体越重越容易下沉；在物体重力 G 一定时，物体的体积越大，受到的浮力 $F_{浮}$越大，越容易上浮。在不同密度的液体和气体中，物体的浮沉情况也不相同。

改变物体浮沉的方法有三种：

(a)改变自身的 G 大小；

(b)改变自身的体积大小；

(c)改变液体密度大小或气体密度大小。

2. 浮沉子

浮沉子是一种用来演示液体浮力、气体具有可压缩性以及液体对压强传递的仪器。浮沉子一般是玻璃制的小瓶体，其下端开有小孔，水可通过小孔进出瓶体，如图 7-4 所示。将其放入高贮水筒中，并使之浮在水面上；再用橡皮薄膜把筒口蒙住并扎紧，用手按橡皮薄膜，则筒内的水和空气都被密闭在容器内，可看到小瓶体下沉；撤去压力，可看到小瓶体上浮；用力得当，可使小瓶体停止在水中某一位置。根据帕斯卡定律，当空气被压缩时，将压强传递给水，水被压入瓶体中，将瓶体中的空气压缩，这时浮沉子里进入一些水，浮沉子小瓶所受的重力大于它所受的浮力，于是向下沉。手离开橡皮薄膜，筒内水面上的空气体积增大，压强减小，浮沉子里面被压缩的空气把水压出来，浮沉子小瓶所受的重力小于它所受的浮力，因此它就向上浮。当手对橡皮薄膜施加的压力适当时，浮沉子便悬浮在水中的任意深度上。浮沉子的浮沉是在外加压强作用下，靠改变它自身重力来实现的。

图 7-4 浮沉子

与浮沉子升降类似，潜艇的浮潜是靠改变潜艇的自身重量来实现的，如图 7-5 所示。潜艇有多个蓄水舱。当潜艇要下潜时就往蓄水舱中注水，使潜艇重量增加，超过它的排水量，潜艇就下潜。潜艇淹没于水中后，排开水的体积不再变化，它所受到的浮力就不变了，控制它的下潜深度是靠改变水舱的水量(即改变重力)来实现的。当水舱里的水量保持不变时，潜艇在水下某一深处是处于悬浮状态而不是沉底。潜艇上升也是靠改变水舱的水量来实现的，依靠压缩空气将蓄水舱中的水往外排，使潜艇重量小于它的排水量，潜艇就上升。浮沉子实验形式多样，一般都是通过外部压强的变化改变浮沉子内部气体的体积，从而达到控制其沉浮的目的。制作浮沉子要掌握两个要点：第一，浮沉子内部必须有一定量的气体(因固体、液体的体积不易随压强的变化而变化)；第二，要控制好整个浮沉子的平均密度，使外界压强较小时，整个浮沉子的平均密度稍稍小于周围液体的密度。

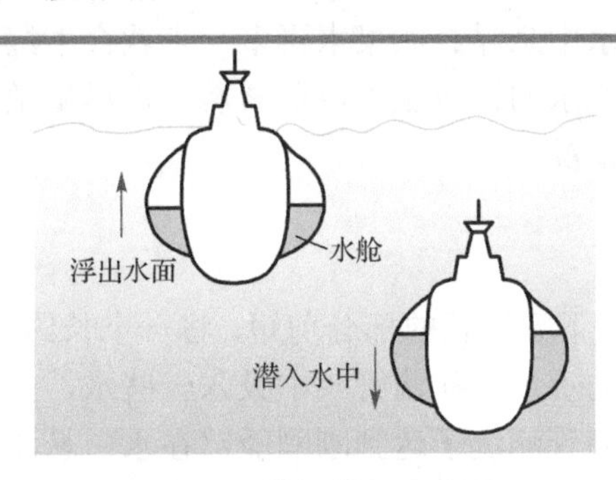

图 7-5　潜艇截面示意图

四、实验器材

透明饮料瓶 3 个、回形针 1 盒、吸管 1 根、剪刀 1 把、杯子 2 只、注射器 1 个、玻璃小药瓶 2 个、滴管 1 根、铁钉 1 个、火柴 1 盒、漆包线 1 卷、橡皮薄膜 1 个和玻璃器皿 1 个。

五、实验内容

1．制作简易吸管浮沉子并观察浮沉现象

(1) 找一根大小合适的吸管，用剪刀剪下约 4 cm 长的一段。沿吸管的中间对折，将回形针的两个夹片分别插入吸管两端开口处进行配重。

(2) 将其放入盛有水的杯中，调节吸管中的水量，使得吸管浮沉子达到刚刚能够在水中悬浮、如果水再多一点就会下沉的状态。

(3) 把自制浮沉子放入装有大半瓶水的饮料瓶中，拧紧瓶盖。

(4) 用力捏塑料瓶，观察现象，松手后再观察现象。

2．听话的小瓶

(1) 开口浮沉子：将敞口玻璃小药瓶内装入一定量的水，瓶口朝下放入水中，通过调节玻璃小药瓶内水量，使得小瓶浮沉子达到刚刚能够在水中悬浮、如果水再多

一点就会下沉的状态，然后再将玻璃小药瓶转移到装有大半瓶水的饮料瓶中，盖紧瓶盖，尽量做到不漏气，用力挤压饮料瓶，观察小瓶的浮沉情况。

(2)闭口浮沉子：在小药瓶的瓶盖上扎一个小孔，用注射器通过瓶盖上的小孔给小瓶中注入适量的水，把它放进一杯水里观察。调整玻璃小药瓶内水量，使得小瓶浮沉子达到刚刚能够在水中悬浮、如果水再多一点就会下沉的状态，然后再将玻璃小药瓶转移到装有大半瓶水的饮料瓶中，盖紧瓶盖，尽量做到不漏气，用力挤压饮料瓶，观察小瓶的浮沉情况。

3. 滴管浮沉子

取一个塑料滴管，将下方细长的部分剪短，将一个长约 2 cm 的铁钉装入塑料滴管中，调整滴管浮沉子的重量。在滴管头中吸入一些水，把它放进一杯水里观察。调整滴管中的水量，让滴管浮沉子达到刚刚能够在水中悬浮、如果水再多一点就会下沉的状态，再把它放入装有大半瓶水的饮料瓶中，拧紧瓶盖，用手挤压饮料瓶，观察滴管浮沉子的浮沉情况。

4. 火柴棒浮沉子

取一火柴棒，在其一端绕一小段细漆包线。调节漆包线的重量，使火柴棒恰能竖直悬浮在水面附近，然后再将火柴棒浮沉子转移到装有大半瓶水的饮料瓶中，盖紧瓶盖，尽量做到不漏气，用力挤压饮料瓶，观察火柴棒的浮沉情况。

六、思考题

(1)探究密度计的原理及其刻度的特点。利用铅笔和一小段铁丝自制密度计，放入清水和盐水中，观察自制密度计浸入液体中的深度，你有什么发现？

(2)盐水选种是中国古代劳动人民发明的一种巧妙挑选种子的方法，它利用了什么原理？

七、参考文献

陈熙谋. 1983. 物理演示实验. 北京：高等教育出版社：36-37.

金亚军. 2016. 拓展性课程有奖展示：浮沉子的奥妙. http://lt.zjxxkx.com/showtopic-20270.aspx.

臧文彧. 2016. 趣味物理创新实验. 杭州：浙江大学出版社：12-15.

赵力红，臧文彧. 2002. 高中物理探究性趣味实验. 杭州：浙江大学出版社：257-258.

实验 8

神奇的表面张力

一、背景资料

2013 年 6 月 20 日，“神舟十号”航天员在“天宫一号”进行了中国首次太空授课，王亚平等演示了许多有趣的实验，其中一个演示是水在失重状态下形成一个大水球(图 8-1)。产生这一有趣现象的原因是球体表面积最小，故水在失重时，在表面张力的作用下呈球形。

图 8-1　水在失重时的实验

日常生活中人们对表面张力的概念很少提及，但有关表面张力的现象却是很常见的(图 8-2)。例如，掉在桌面上的水银会缩成小球状；落在树叶上的露水会形成珠状；在水面爬行的水黾，既不会划破水面，也不会浸湿自己的腿；在水面上轻轻放上一枚小硬币，则硬币会浮在水的表面；两块干燥的玻璃叠在一起很容易分开，但是如果在玻璃之间加一些水，这时候你再试图去将它们分开，就不那么容易了。所有这些现象都与表面张力有关。可以说表面张力与人们的日常生活形影不离，要很好地利用表面张力，就要了解表面张力的含义。

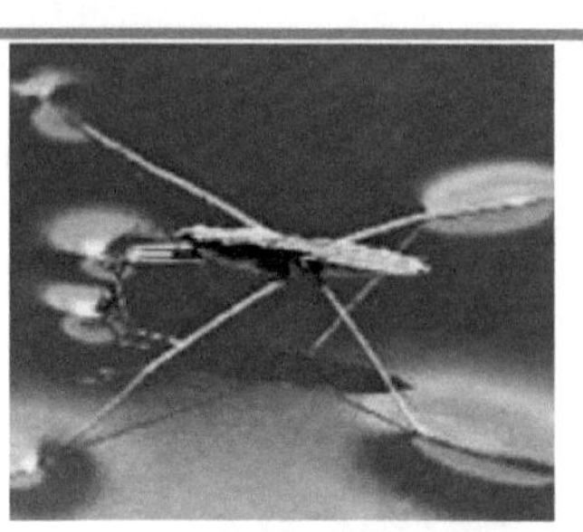

图 8-2 生活中有关表面张力的现象

那么，什么是表面张力呢？液体表面由于表面层内分子的作用，存在着一种沿着液面切线方向的张力，称为表面张力。正是这种表面张力的存在使液体的表面犹如张紧的弹性薄膜，有收缩的趋势。表面张力是液体表面的重要特性，它使得液体的表面总是试图获得最小的面积，利用它能说明液态物质所特有的许多现象，如泡沫的形成、毛细现象、浸润现象等。在工业技术上，浮选技术、液体输送技术、船舶制造、凝聚态物理等方面都要研究液体的表面张力。

由于表面张力的存在，密度比水大的硬币可以浮在水面上，水中的蜡烛或玻璃棒靠近浮水硬币时会相斥，本实验要求通过观察与分析这些现象，得出一些有意义的结论，培养学生应用物理知识解决简单问题的能力以及理论联系实际的良好学风，激发学生学习兴趣。

二、实验目的

(1)通过观察，了解液膜的收缩特性和液体表面张力的概念；

(2)认识并分析与液体表面张力有关的现象，从微观角度解释液体表面张力形成的原因。

三、实验原理

1. 相关概念

1) 分子力

物质是由分子组成的，分子之间存在作用力，称为分子力。液体中分子间的距离比气体分子间的距离小得多，其有效作用半径 r_0 约 10^{-10} m，如图 8-3 所示。当两分子间的距离 r 小于 r_0 时，分子力表现为斥力；当两分子间的距离 r 大于 r_0，在 10^{-10}～10^{-9} m 时，分子力表现为引力。当两分子间的距离 r 大于 10^{-9} m 时，引力很快趋于零，因此分子之间的引力作用范围可以认为是一个半径不超过 10^{-9} m 的球，只有在球内的分子才对球心分子有作用力，所以我们称这个球的半径为分子引力作用半径。

2) 表面层和表面能

液体的表面层是指液体表面与外界大气接触的一薄层，厚度等于分子引力作用半径。液体表面层内的分子所处的环境和液体内部分子不同，如图 8-4 所示。液体内部每个分子四周都被同类的其他分子所包围，它所受到的周围分子的合力为零。但处于液体表面层内的分子，由于液面上方为气相，分子数很少，因而表面层内每个分子受到向上的引力比向下的引力小，合力不为零，且分子越接近液面，合力就越大。如果要把液体中的一个分子从内部移到表面，就必须克服这个力而做功，从而增加了这一分子的势能。也就是说，处于表面层的分子比处于液体内部的分子具有更大的势能，这种势能就称为表面能。

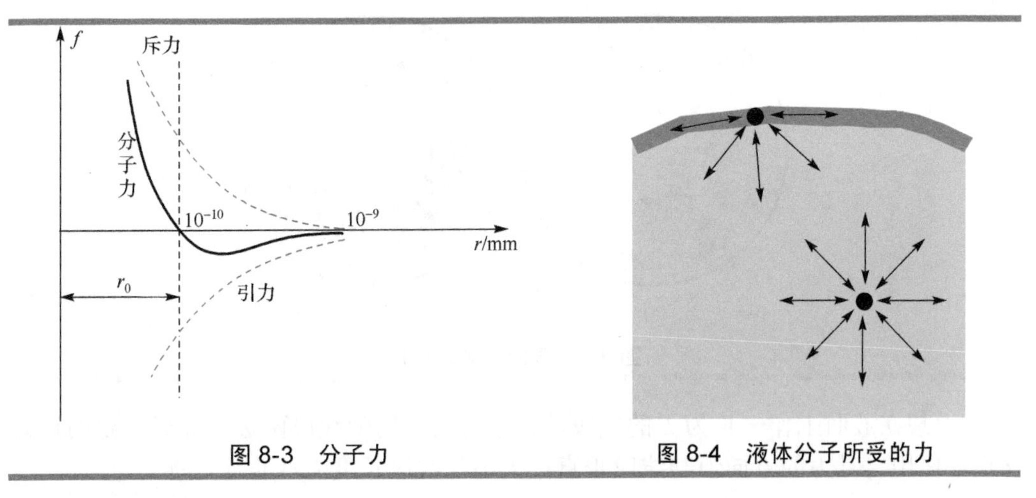

图 8-3　分子力　　图 8-4　液体分子所受的力

3) 浸润和不浸润

固体与液体接触时，如果固体与液体分子间的吸引力大于液体分子间的吸引力，液体与固体的接触面扩大而相互附着在固体上，这种现象称为浸润；如果固体与液体分子间的吸引力小于液体分子间的吸引力，液体与固体表面不相互附着，这种现象称为不浸润。由于水与玻璃浸润，玻璃管中的水面显凹面；反之，水与石蜡不浸润，石蜡管中的水面显凸面。

2. 表面张力

表面层的液体分子一方面受液体内部分子的作用，另一方面受液面上方气体分子的微弱作用，这两种特殊作用，使表面层中液体分子的分布比液体内部稀疏。由于表面层中的每个分子都受到一个指向液体内部的引力作用，所以处在表面层中的分子都有从液面挤入液体内部的倾向，使液体的表面处于一种紧绷的状态，犹如被拉紧的弹性薄膜一样具有收缩的趋势。从表面能的角度来看，因为一个系统处于稳定平衡时，系统将有最小的势能，所以液体的表面都有一种缩小的趋势。这样，在宏观上就表现为液体的表面层存在着表面张力。

表面张力类似于固体内部的拉伸应力，只不过这种应力存在于极薄表面层内，而且不是由于弹性形变所引起的，是液体表面层内分子力作用的结果。如图 8-5 所示，在一个有肥皂膜的金属圆环上放上一沾湿的小细棉线环，这时棉线上每一小段的两侧都受到大小相等、方向相反的张力作用，棉线处于平衡状态，因而保持最初的形状不变。当用一热针把棉线环中的肥皂膜刺破时，棉线环只受到环外肥皂膜对它的作用，棉线被拉成圆形。从这个实验可知：表面张力是沿着液体的表面与液面相切并且与分界线相垂直，大小可以用表面张力系数来描述。

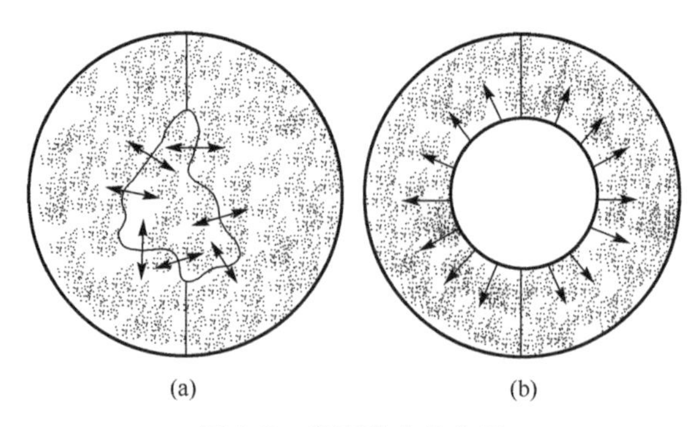

图 8-5 表面张力的作用

设想在液面上作一长为 L 的线段，则张力的作用使线段两边液面以一定的拉力 f 相互作用，且力的方向恒与线段垂直，大小与线段长度 L 成正比，即

$$f=\sigma L$$

其中，比例系数 σ 称为液体表面张力系数，定义为作用在单位长度直线两边液体的

表面张力，单位为 N/m。实验证明，表面张力系数 σ 的大小与液体的种类、纯度、温度和它上方的气体成分有关，温度越高，液体中所含杂质越多，则表面张力系数越小。测定液体表面张力系数的常用方法有很多，如拉脱法、毛细管升高法和平行玻璃板法等。

四、实验器材

大小烧杯各 1 个、硬币(1 分、2 分、5 分、1 角、5 角和 1 元各 1 个)、酒精 1 瓶、玻璃管 1 支、蜡烛 1 支、广口瓶 1 个、滴管 1 个、回形针 1 盒、抹布 1 块、托盘 1 个、水、小纸片 1 张、铅笔 1 支、小剪刀 1 把、盘子 1 个、滴管 1 个、洗洁精 2mL。

五、实验内容

1. 水能托起硬币吗？

(1)在烧杯内注入水，小心地把硬币放在水面上(放入前硬币必须保持干燥)，观察哪些面值的硬币能浮在水上。

(2)使硬币浮在水面上，分别将蜡烛、玻璃管小心插入水中，慢慢靠近硬币，观察并记录现象。

(3)使两枚浮水硬币相距 1cm 左右，观察到什么现象？它们是否会自动合拢在一起？为什么？

(4)取一个玻璃杯，注入水，小心地把硬币放置在水面上，观察浮水硬币在水面上的位置，待静止后，观察硬币在水面上的位置；取出硬币，再注入水直到水面超过玻璃杯口，但水没溢出，然后小心地把硬币放置在水面上，观察此时硬币在水面上的位置；试分析硬币在上述两种条件下所处平衡位置不同的原因。

(5)将酒精轻轻地滴在浮水硬币边缘的水面上，观察有什么现象产生。试分析之(水在 20℃时表面张力系数为 72.75×10^{-3} N/m，酒精在 20℃时表面张力系数为 24.1×10^{-3} N/m)。

2. 回形针神奇地在水上漂

(1)将广口瓶用滴管装满水，直至看到水的凸面为止。

(2)将回形针一枚一枚慢慢地放入广口瓶中，观察水表面的形态。

(3)一直放到水溢出为止，记下大头针的数量。

3. 水中飞碟

(1)先在小纸片上画出一个螺旋图案，沿着螺旋线边缘进行裁剪。

(2)在盘子里倒入半盘清水，将小纸片放入盘子的清水中，并等待纸片完全静止下来。

(3)往小纸片中央的纸缝中滴入1滴洗洁精，并观察纸片的运动情况。

六、思考题

(1)将洗洁精轻轻地滴在有浮水硬币的水面上，过一段时间，观察有什么现象产生。用不同面值的硬币做此实验，有何区别？

(2)观察把水滴在不同材料平面上形成的形状，如果这些平面上涂有一层油，情况如何？

七、参考文献

侯俊玲，邵建华，刚晶. 2012. 物理学. 3版. 北京：科学出版社: 36-45.
吴俊林. 2013. 大学物理实验. 北京：科学出版社：139-148.
臧文彧. 2016. 趣味物理创新实验. 杭州：浙江大学出版社：107-108.

实验 9

“怪坡”现象

一、背景资料

世界各地都有“怪坡”被发现。在“怪坡”上，上坡容易，下坡费劲；俗话说“水往低处流”，而“怪坡”上，水往高处流，很是奇怪，如图 9-1 所示。如此“怪坡”效应，自然使游客、探险家和科学工作者产生了浓厚的兴趣，先后提出了“重力异常”“视差错觉”“磁场效应”“四维交错”“暗物质”“飞碟作用”“鬼怪作祟”“失重现象”“暗物质的强大万有引力”和“UFO 的神秘力量”等解释，众说纷纭，却难以使人信服。“怪坡”成为人们竞相前往探奇的“旅游谜地”。

世界“怪坡”之谜引起了科学家们的关注，目前经过科学实验，“怪坡”形成较为合理的解释是“视差错觉”。也就是说，“怪坡”其实是由周边参照物的原因而造成的人们的一种视觉错误。因为这些地方的特殊地形地貌，参照物不断变化，导致人们对事实的判断出现错误，才产生看似上坡路，实际是下坡路的错觉。

我们把一个圆柱体放在斜坡的顶端，若不施加力，它会自己滚下斜坡，这是重力作用的结果。但如果放在斜坡上的是一个钢球，在不施加力的情况下，它将如何滚动呢？我们将通过钢球在斜面滚动情况的实验，来验证“怪坡”现象，了解“怪坡”产生的原因，进一步理解重心的概念。

图 9-1 “怪坡”现象

二、实验目的

(1)学习重心的概念，理解形状规则的球体的重心在几何中心；

(2)观察在重力作用下物体在静止状态下由高处向低处运动，理解动能和势能的相互转换。

三、实验原理

1. 相关概念

1)重力

重力是力学中最重要、最基本的概念之一。但是，国内外各种课本及参考书对重力概念的定义不尽一致，目前对重力的定义大致有以下三类。

第一类定义很明确，重力就是指地球对物体的吸引力。重力即是力，就是矢量，其方向就是地球对物体引力的方向，即竖直指向地球中心。按这类定义，重力就成了引力的同义词，但重力并不代表万有引力。其实，这类定义只有在不考虑地球自转所引起的效果时才有意义。

第二类定义为：质点以线悬挂并相对于地球静止时，质点所受重力的方向沿悬线且竖直向下，其大小在数值上等于质点对悬线的拉力。实际上，重力就是悬线对质点拉力的平衡力。物体在地球表面附近自由下落时，有一竖直方向的重力加速度 g，产生此重力加速度的力称为重力。

第三类定义分别从静力学形式和动力学形式给出了重力的“操作性定义”，并暗示了重力不是纯地球引力，而是把地球自转影响考虑在内的地球引力和物体随地球绕地轴转动所受的向心力之差。这类定义美中不足的是未能明确表达出重力的主要本质，即“地球引力”这一本质因素。

综上所述，以上三类关于重力的定义都不够确切。重力的比较确切的定义是：“地面附近一切物体都受到地球的吸引，由于地球的吸引而使物体受到的力叫做重力。”根据这种定义，重力概念的内涵有：

(1) 重力的本质来源是地球的引力。

(2) 重力是一个表观的概念，是物体随地球一起转动时受到的地球引力。

(3) 重力等于物体受地球的引力和随地球绕轴转动所需向心力的矢量差。

(4) 重力的方向总是竖直向下(不是垂直向下)。

(5) 重力是由于地球的吸引产生的，但不能说重力就是地球的引力。

2) 重心

重心可简单地理解为物体所受重力的作用点。物理上把物体各部分所受重力的作用都集中到一点，该点叫做物体的重心。

质量均匀分布的物体，常称均匀物体，它的重心的位置只跟物体的形状有关。形状规则的均匀物体，它的重心在它的几何中心上。例如，均匀细直棒的重心在棒的中点，均匀球体的重心在球心，均匀圆柱的重心在轴线的中点。

质量分布不均匀的物体，重心的位置除了跟物体的形状有关外，还跟物体内质量的分布有关。载重汽车的重心随着装货多少和装载位置而变化，起重机的重心随着提升物体的重量和高度而变化。不规则物体的重心可以用悬挂法来确定，物体的重心不一定在物体上。

重心位置在工程上有相当重要的意义。例如，起重机在工作时，重心位置不合适，就容易翻倒；高速旋转的轮子，若重心不在转轴上，就会引起剧烈的振动。增大物体的支撑面，降低它的重心，有助于提高物体的稳定程度。

此外，同一个物体重力的大小与所处的纬度有关。因为一切物体在地球上与地球一起运动，这个运动可以近似看成匀速圆周运动。物体做匀速圆周运动需要向心力，即一个绕地轴转动的力。而纬度低的地方所需向心力大，纬度高的地方所需向心力小。

2. 钢球自动爬坡的原理

在重力的作用下，重物只能往下落、往下滚，但本实验中的钢球却沿着轨道向

“上”滚动。能量最低原理指出：物体或系统的能量总是自然趋向最低状态。这个钢球外形是对称的，它的重心在它的转动轴线上。本实验中，在轨道的低端，两根轨道间距小，钢球停在此处重心被抬高了；相反，在高端，两根轨道间距较大，钢球在此处下陷，重心实际上降低了。也就是说，钢球从轨道低端运动到高端的过程中，重心反而降低了，重力势能也相应减小了。故本实验看似钢球由低端向高端运动，实质是钢球在重力作用下重心降低了，符合运动规律。其装置及原理图如图 9-2 所示。

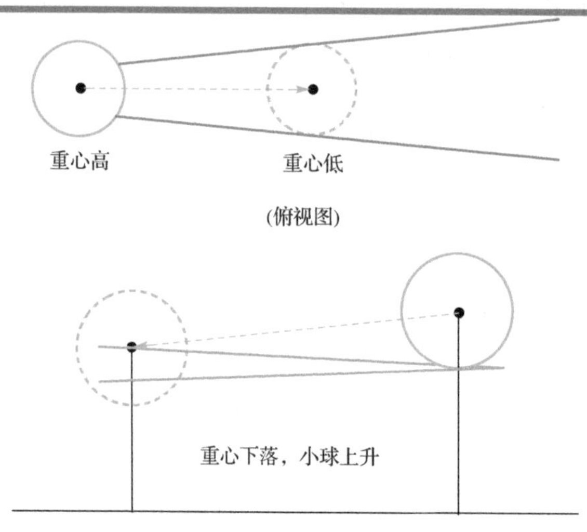

图 9-2 滚球与导轨相对位置示意图

四、实验器材

钢球“上滚”演示仪(如图 9-3 所示)、1000 g 的钢球 1 个、刻度尺 2 把、油性记号笔 1 支、量角器 1 个。

图 9-3 钢球“上滚”演示仪

五、实验内容

1. 钢球爬坡游戏

得分规则：操作者通过控制操作杆使钢球落入下面的得分槽内，以获得相应的分值，将得分填入表 9-1 中。其操作杆坡度可改变 9 次，随着操作杆坡度的增加，难度也会增大。先从最低处开始，每个坡度提供三次机会。让钢球从轨道的一端滚向另一端，在三次机会内，落入最高分值 9 才能晋级下一个高度，直至坡度最高处。如果在某一坡度使用三次机会还未掉入 9 分值的积分槽内，则挑战结束，其得分为该高度三次挑战分值之和。

表 9-1 各组得分登记表

分组	得分	分组	得分
第一组		第六组	
第二组		第七组	
第三组		第八组	
第四组		第九组	
第五组		第十组	

通过上面的游戏，大家猜一猜，有一个质量均匀、形状规则的钢球，将其放在 V 形轨道上，V 形轨道上的一端被垫高，松手后，钢球可能的运动状态是：①静止不动；②向下滚动；③向上滚动。

2. 探究钢球爬坡的奥妙

操作 1：保持 V 形轨道上端的总高度约为 10 cm，即保持轨道的坡度不变。

(1) 量出轨道上端和下端的高度，轨道两端高度差为 h_0，记录在表 9-2 中。

(2) 调节两根操作杆之间的夹角，使钢球横放在轨道上恰能静止不动。测出此时两根操作杆之间的夹角 θ_0，再将钢球横放在轨道上两个高低不同的位置 A、B(为分析方便，取 B 的位置比 A 高)，分别测出钢球重心所处的高度(为分析方便，在钢球中央位置处用油性记号笔交叉画出直径最大的圆)，将有关数据记录在表 9-2 中。

(3) 保持轨道的坡度不变，稍微增大 V 形轨道两根操作杆之间的夹角，钢球横放在轨道上时将向哪个方向运动？测出此时两根操作杆之间的夹角，再将钢球横放在轨道上两个不同的位置 A、B，测出钢球重心所处的高度，将有关数据记录在表 9-2 中。

(4) 再稍微增大 V 形轨道两根操作杆之间的夹角，重复实验步骤(3)，将有关的实验现象和数据记录在表 9-2 中。

(5)保持轨道的坡度不变，使 V 形轨道两根操作杆之间的夹角稍小于θ_0，钢球横放在轨道上时将向哪个方向运动？测出此时两根操作杆之间的夹角，再将钢球横放在轨道上两个不同的位置 A、B，测出钢球重心所处的高度，将有关数据记录在表 9-2 中。

(6)继续减小 V 形轨道两根操作杆之间的夹角，重复实验步骤(5)，将有关的实验现象和数据记录在表 9-2 中。

表 9-2 轨道的坡度不变，改变两根操作杆之间的夹角，钢球运动状态的变化情况记录表

次数	两根操作杆之间的夹角/(°)	轨道上端的高度/cm	轨道下端的高度/cm	轨道两端高度差/cm	钢球运动(向上/向下/静止)	钢球重心的高度	
						A 位置/cm	*B* 位置/cm
1							
2							
3							
4							
5							
6							

操作 2：保持 V 形轨道两根操作杆之间的夹角θ_0不变，即保持两根操作杆上端的间距不变。

(1)增大轨道上端的高度，使其稍大于h_0，钢球横放在轨道上时将向哪个方向运动？测出此时 V 形轨道上下端的高度差；再将钢球横放在轨道上两个不同的位置 A、B，测出钢球重心所处的高度，将有关数据记录在表 9-3 中。

(2)再稍微增大 V 形轨道上端的高度，重复实验步骤(1)，将有关的实验现象和数据记录在表 9-3 中。

(3)减小轨道上端的高度，使其稍小于 h_0，钢球横放在轨道上时将向哪个方向运动？测出此时 V 形轨道上下端的高度差；再将钢球横放在轨道上两个不同的位置 A、B，测出钢球重心所处的高度，将有关数据记录在表 9-3 中。

(4)再稍微减小 V 形轨道上端的高度，重复实验步骤(3)，将有关的实验现象和数据记录在表 9-3 中。

表 9-3 两根操作杆之间的夹角不变，轨道的坡度改变，钢球运动状态的变化情况记录表

次数	两根操作杆之间的夹角/(°)	轨道上端的高度/cm	轨道下端的高度/cm	轨道两端高度差/cm	钢球运动(向上/向下/静止)	钢球重心的高度	
						A 位置/cm	*B* 位置/cm
1							
2							
3							
4							
5							

【注意事项】

(1) 操作中不要将钢球搬离轨道；

(2) 钢球启动时位置要正，防止它滚动时摔下来造成变形和损坏；

(3) 实验操作要规范，避免被钢球砸伤。

六、思考题

如果用其他形状的物体代替钢球来做实验，是否也出现同样的现象？

七、参考文献

高春海，黄军武. 2013. 高中物理实验指导与拓展探究. 石家庄：河北人民出版社: 16-18.

夏伊丁·亚库普，买买热夏提·买买提，木沙江·卡得尔，等. 2016. 天山“怪坡”现象的实验研究. 大学物理实验，29(2): 49-51.

臧文彧. 2016. 趣味物理创新实验. 杭州：浙江大学出版社: 5-6.

实验 10

星座及星空的观测

一、背景资料

认星是一项非常有意义的活动，每认识天上的一颗星或一个星座，便如叫得出一种珍禽奇兽或名花异草的名字一样，都会使人得到一种精神上的满足与享受。

除地球、月球和太阳外，宇宙中还有很多的天体。在晴朗无月的夜晚，我们仰望天空，繁星闪烁，斗转星移，给人无限的遐想。在满天的繁星中，除了几个行星之外，其他星的相对位置几乎是不变的，古人称其为恒星。其实恒星不恒，只是它们距离地球太遥远了，我们肉眼无法分辨它们的位置变化而已。然而，对于这遥远的满天繁星，我们又如何辨认它们，认识它们？

为辨认恒星方便，古代天文学把天球上的恒星分成许多群落，叫做星座(我国古代称之为星官，是一个独立发展的星座系统)。就其原始意义来说，星座就是明亮恒星所构成的、易于辨认和相互区别的图形。近代天文学上的星座，则是以人为界线划分的天球区域。星座对于表示天体的近似位置是很有用的，如织女星位于天琴座，就如西安市位于陕西省，我们可以近似地知道在哪里能找到它。

由于历史的原因，星座的排列很不规则，范围亦不等，甚至差别很大。星座起源于古代的巴比伦和希腊，以后不断增添和变迁，直到最后定案，几乎经历了整个人类的历史时期。星座的名称多半是希腊神话中的人物(天神)和兽类，也有地理大发现以后新发现的动物，如仙后、仙女、御夫、大熊(图 10-1)、金牛、狮子和天鹅等。近代命名的南天星座中，有一些关于科学技术工具的名称，如矩尺、望远镜和罗盘等。1922 年，国际天文学联合会大会根据近代天文观测成果，对历史上沿用的星座名称和范围作了整合，取消了一些星座，最后确定全天星座为 88 个，其中北天 29 个，黄道 12 个，南天 47 个，并在 1928 年的国际天文学联合会大会上正式公布了这 88 个星座。从此，给天空建立了永久的秩序，88 个星座成为全球通用的星空区划系统。

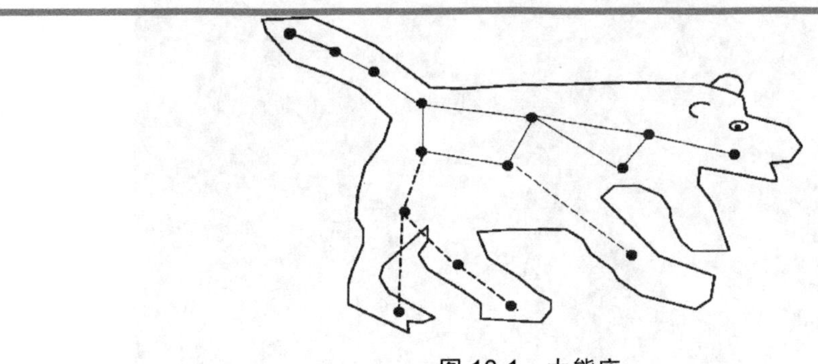

图 10-1　大熊座

北天星座：小熊座、天龙座、仙王座、仙后座、鹿豹座、大熊座、猎犬座、牧夫座、北冕座、武仙座、天琴座、天鹅座、蝎虎座、仙女座、英仙座、御夫座、天猫座、小狮座、后发座、巨蛇座、盾牌座、天鹰座、天箭座、狐狸座、海豚座、小马座、三角座、飞马座、蛇夫座。

黄道星座：双鱼座、白羊座、金牛座、双子座、巨蟹座、狮子座、室女座、天秤座、天蝎座、人马座、摩羯座、宝瓶座。

南天星座：鲸鱼座、波江座、猎户座、麒麟座、小犬座、长蛇座、六分仪座、巨爵座、乌鸦座、豺狼座、南冕座、显微镜座、天坛座、望远镜座、印第安座、天燕座、凤凰座、时钟座、绘架座、船帆座、南冕座、圆规座、南三角座、孔雀座、南鱼座、玉夫座、天炉座、雕具座、天兔座、天鸽座、大犬座、船尾座、罗盘座、唧筒座、半人马座、矩尺座、杜鹃座、网罟座、剑鱼座、飞鱼座、船底座、苍蝇座、南极座、水蛇座、山案座、蝘蜓座、天鹤座。

每一颗恒星都从属于一定的星座。由此，人们建立了一种简单的、普遍适用的给恒星命名的规则：一般采用星座名称加上小写的拉丁字母(希腊字母)，拉丁字母的顺序与星座内恒星的亮度相对应(狮子座 α 星、狮子座 β 星等，α 星比 β 星亮，以此类推)(图 10-2)，但也有少数例外情况(如双子座中的 β 星反而比 α 星亮，可能古代的情况与现代不一样)。随着天文观测的不断深入，希腊字母数目远不够用来为所有观测到的恒星命名。于是，人们又补充了一种更为合适的命名方法，即在希腊字母用完时，对于更暗的恒星，采用编号的办法，用数字代替字母，次序是由东向西，按恒星的赤经依次排列，如天鹅座 61，就是天鹅座中的第 61 号星。我国古时也采用类似的做法，即按所属的星官编号，如勾陈一(北极星)、河鼓二(牛郎)、南河三(小犬座 α)、天津四(天鹅座 α)、毕宿五(金牛座 α)、参宿七(猎户座 β)和轩辕十四(狮子座 α)等。

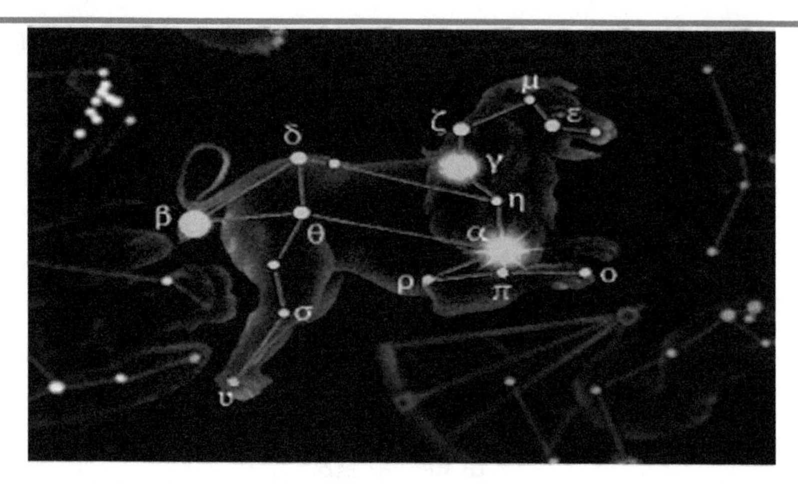

图 10-2 狮子座

地球存在着自转运动和公转运动，会造成星空的周日变化和周年变化。生活在地球上的人们，感受不到地球自转运动和公转运动的存在，然而，通过星空和星空变化的观测，能够向人们展示地球自转运动和公转运动的存在，从而进一步了解地球自转运动和公转运动的方向、周期和速度。同时，通过星空和星空变化的观测，还可以指导人们辨认方向，确定地理坐标。

二、实验目的

(1) 学会星图、转动星盘的使用；

(2) 利用星图和转动星盘，学会认识主要星座和亮星的方法；

(3) 通过星座及星空的观测，认识星空的周日变化和周年变化的规律，掌握四季星空变更的原因。

三、实验器材

星图、转动星盘、电子星图(笔记本电脑或智能手机)、指星笔、手电筒。

四、实验内容

(1) 熟悉星座的概念和星空分区；

(2) 熟悉星图和转动星盘，了解星图和转动星盘的结构、功能，学会转动星盘的使用方法；

(3) 查阅星图(转动星盘)，了解西安当日可见的星座；

(4) 根据星图或转动星盘的使用方法，自行使用星图或转动星盘观测星空；

(5) 根据星图(转动星盘)中的西安当日可见恒星和星座的坐标，在天空中相应的区域，逐一寻找和认识主要的亮星和星座；

(6) 检查了解学生观测的情况，根据学生观测的情况，总结完善观测的内容；

(7) 引导学生观测星空的变化(周日变化和周年变化)。

五、观测要求

(1) 认识西安当日可见的星座；

(2) 认识西安当日观测到的主要星座和亮星的特征；

(3) 通过星座及星空变化的观测，分析星空的变化规律及其原因(周日变化和周年变化)。

六、思考题

(1) 如何在星空中识别行星？

(2) 如何根据星座确定黄道的位置？

(3) 星空的变化如何反映地球自转运动和公转运动的方向、周期和速度？

(4) 为什么根据北极星的高度可以确定观测地点的地理纬度？

七、附录

四大星区、主要星座、亮星及特征

星区	主要星座	亮星及特征
仙后星区(后)	仙后座	形似字母 W，利用它可找到北极星
	仙女座	三颗亮星排列成一条直线
	飞马座	呈一大四边形(东北一隅属仙女座)，四边形的东边向北延伸，直指北极星
	南鱼座	南鱼座 α(中名北落师门)是本区唯一的一颗一等星，沿飞马座四边形的西边向南延伸，即可找到。它的位置偏南、离地平较低，附近星稀，西方有“海角孤星”之称
御夫星区(御)	御夫座	明显的五边形，我国古代时称为“五车”。主星 α(五车二)是北天主要亮星
	金牛座	著名黄道星座，有一簇呈 V 字形的星群(毕星团)、主星 α(毕宿五)位于 V 字一端，是红色亮星。V 字的西北有昴星团，俗称“七姊妹”(正常视力只能见六颗)

续表

星区	主要星座	亮星及特征
御夫星区(御)	猎户座	全天最壮丽的星座，横跨天赤道，世界各地都能见到。它由两颗一等星(参宿四和参宿七)和五颗二等星组成。有“参宿七星明烛宵，两肩两足三为腰”之说。中部三颗合称为参宿三星，位于天赤道上，参宿三星东南有一肉眼可见亮星云(猎户大星云)，距离1500l.y.
	大犬座	主星α(天狼)是全天最明亮的恒星
	小犬座	星数很少。主星 α(南河三)是著名的一等星。它同参宿四和天狼星构成一个等边三角形
	双子座	黄道星座，呈两行排列。亮星有α(北河二)和β(北河三)，后者是一等星
大熊星区(熊)	大熊座	北天最著名星座，七颗亮星排成“熨斗”形状，故称“北斗”。可用它的两颗指极星(天枢、天璇)来找北极星。民谚：“识得北斗，天下好走”
	牧夫座	形如风筝，也像一条倒挂的领带。主星 α(大角)是北斗头等亮星。正处在北斗七星柄的自然延伸线上
	狮子座	著名黄道星座，形如雄狮。由头部的“镰刀”和尾部的三角形组成。主星α(轩辕十四)是一等星，位于镰刀柄端，位于黄道上
	室女座	黄道星座，呈不规则的土字形。主星 α(角宿一)是一等星。南北两角(大角和角宿一)同轩辕十四，构成一个巨大的直角三角形
天琴星区(琴)	天琴座	范围很小，主星 α(织女星)是北天头等亮星。织女星由四颗暗星组成一个菱形，是传说中织女用以织布的“梭子”
	天鹰座	近天赤道和银河。主星 α(牛郎星)中名河鼓二。它与西侧的两颗暗星组成“牛郎三星”，民间俗称“扁担星”，与织女星隔河相望
	天鹅座	呈一明显的“十字形”，整个星座位于银河中。主星 α(天津四)是一等星。我国古代称此星座为“天津”(意即渡船)
	天蝎座	著名黄道星座，形如张着两螯的巨蝎。主星α(心宿二)是红色亮星，古称“大火”。心宿二与两侧的两颗暗星合称“心宿三星”
	人马座	位于银河最明亮部分，是银河中心方向所在，东部六星组成“南斗”

八、参考文献

金祖孟. 1997. 地球概论. 3版. 陈自悟，修订. 北京：高等教育出版社：191-199.
余明. 2016. 地球概论. 2版. 北京：科学出版社：221-232.

实验 11

泥石流的形成

一、背景资料

近几年来，由于全球气候变化带来的极端暴雨事件的频发，我国西南地区的泥石流灾害发生规模和频率都在不断增加，造成了极大的人员伤亡和财产损失，引起了全社会的普遍关注。从原理上认识了解泥石流的发生机理和产生条件不仅具有极大的科学价值，也将对防灾减灾工作具有重要的现实指导意义。

泥石流是指在山区或者其他沟谷深壑、地形险峻的地区，因为暴雨、暴雪或其他自然灾害引发的山体滑坡并携带有大量泥沙以及石块的瞬间爆发的特殊洪流，是山区最严重的自然灾害(图 11-1)。泥石流经常发生在峡谷地区和地震火山多发区，具有突然性以及流速快、流量大、物质容量大和破坏力强等特点，在暴雨期具有群发性。泥石流的主要危害是冲毁公路铁路等交通设施甚至村镇居民区，破坏房屋及其他工程设施，毁坏农作物、林木及耕地，引起人畜伤亡，造成巨大生命财产损失(图 11-2)。泥石流有时也会淤塞河道，不但阻断航运，还可能引起水灾。泥石流的

图 11-1　山区泥石流

图 11-2　泥石流毁坏城镇

形成条件是：地形陡峭，松散堆积物丰富，突发性、持续性大暴雨或大量冰融水的流出。影响泥石流强度的因素较多，如泥石流容量、流速、流量等，其中泥石流流量是泥石流成灾程度最主要的影响因素。此外，多种人为活动也在多方面加剧放大上述因素的作用，促进泥石流的形成。因此，加强对泥石流的科学研究，减少灾害发生频率，降低灾害破坏程度，显得尤为重要和紧迫。

二、实验目的

(1) 了解泥石流的产生过程和条件；
(2) 理解泥石流的自然成因与人类活动的联系；
(3) 探索泥石流的防治措施。

三、实验原理

通过水槽实验模拟泥石流的形成条件：地形陡峭，松散堆积物丰富，突发性、持续性大暴雨或大量冰融水的流出，加之人类不合理活动更加加剧了灾害的破坏。探索控制边界条件以减轻泥石流危害。

四、实验器材

水槽(长 4m，横断面宽 0.8m、高 0.6m)、可活动的铁支架(通过手动调节支架改变水槽坡角)、流速仪、橡皮管 3 个(长 3m，直径 5cm)、水龙头 3 个、均匀砂、小砾石、黏土、过滤装置、塑料水盆(直径 1.5m，高约 1m，作为蓄水池)、水循环系统(带水泵，确保实验用水在经过滤后能够重复利用)、铁铲。

五、实验内容

(1) 在水槽中铺 0.3m 厚沉积层作为基底，砾石、砂与黏土的体积比为 1∶3∶3。

(2) 在基底上铺设 0.1m 厚的分别按不同比例配置的砾石、砂与黏土组合，模拟不同地表环境。

(3) 通过活动支架调节水槽倾角，模拟河床比降；坡角在 0°～90°变化，每次调节 5°。

(4) 在比降固定的情况下，根据实验室水动力条件，利用流速仪实时监测控制水流量大小(0.01～100m^3/s)，调节流速变化(在 1～1000cm/s 范围内每次以 50cm/s 调节)观察水流剥蚀、搬运作用。改变流量时，需待水流稳定后至少 6min，方可开始记录，见表 11-1。

(5) 观察泥石流流速和侵蚀搬运变化。

(6) 观察泥石流的形成过程。

表 11-1　实验现象记录表

实验步骤	实验条件				观察结果
	坡角/(°)	流量/(m^3/s)	流速/(cm/s)	砾石、砂、黏土体积比	
第 1 步实验					
第 2 步实验					
第 3 步实验					
第 4 步实验					
……					

总结泥石流形成的原因及流量、流速、坡角与其破坏力的关系。

六、思考题

(1) 实验中比降、流量、流速和碎屑物质的多少是如何影响泥石流强度的？

(2) 人类活动是如何加剧泥石流的发生的？

(3) 如何通过人为干预降低泥石流的发生频率和破坏强度？

七、参考文献

甘肃省环境保护厅. 2010. 环保部工作组赴舟曲现场检查指导. http://www.gsep.gansu.gov.cn/newsconent.jsp?urltype=news.NewsContentUrl&wbtreeid=1450&bnewsid=15611 [2016-11-22].

康志成，李焯芬，马蔼乃，等. 2004. 中国泥石流研究. 北京：科学出版社.

刘传正. 2014. 中国崩塌滑坡泥石流灾害成因类型. 地质论评，60(4)：858-868.

杨大文，杨汉波，雷慧闽. 2014. 流域水文学. 北京：清华大学出版社.

中国科学院成都山地灾害与环境研究所. 2016. 山地所考察并分析湖南省“6.10”山洪泥石流成因. http://www.imde.ac.cn/xwzx/tpxw/201108/t20110811-3321601.htm [2016-11-26].

实验 12
沙尘暴与黄土

一、背景资料

气象记录表明，在中国西北地区，几乎每年冬春季节都有较大规模的扬尘及沙尘暴天气，使人们对沙尘暴的危害有了切身的感受。沙尘暴(图 12-1)不仅通过 PM2.5 等细粒粉尘物质进入人体直接破坏呼吸系统损害人类健康，还会严重影响交通，破坏精密仪器造成重大财产损失，因而引起科学家对沙尘暴研究的关注。

在我国黄河中游地区分布着深厚的黄土地层(图 12-2)，形成蔚然壮观的黄土高原，为世界所罕见。若将华北平原的次生黄土覆盖区也算上，我国黄土覆盖面积便超过 10^6km^2，约占全国陆地国土面积的 10%，拥有全国耕地面积的五分之一以上。而且，在黄土区内生活着三亿多人口，约占全国居民的五分之一，他们的衣食住行无不与黄土息息相关。黄土疏松多孔，质地均匀，易于耕作和形成肥田沃土，十分有利于农业发展。自古以来，中国的文明发展就与黄土紧密相关。五六千年前的人类利用黄土高原独特的自然环境，创造了世界四大文明之一的华夏文明，使黄土高原成为世界文明发源地和农业起源区之一。这么大面积的厚层黄土是怎样形成的呢？

科学家经过几十年的系统研究发现，黄土实际上就是地质历史时期的沙尘暴沉积；亚洲季风和西风系统的共同作用，将亚洲内陆干旱地区的粉尘送至高空，然后沿气流向东传送，由于地形阻挡使风力减弱，在到达华北一带时粉尘降落，形成最原始的黄土沉积，最远的粉尘可以远离亚洲大陆，漂洋过海一直飘落到北太平洋和夏威夷群岛，甚至在遥远的北极格陵兰岛的冰雪里也发现了源自亚洲内陆地区的粉尘物质。从现代沙尘暴的物质成分和粒度组成来看，其与黄土十分接近。现代沙尘暴是一个巨大的天然实验室，是黄土风成成因的鲜活证据。换个角度来看，沙尘暴也不是一无是处，它是全球物质输送和能量循环的重要载体，通过铁、氮、磷等营养元素沉降对于中国北方的农业发展乃至全球生态平衡都起着至关重要的调节作用。甚至，近年来，有研究表明沙尘暴的发生还可以抑制雾霾的形成。

图 12-1　沙尘暴

图 12-2　黄土地层

二、实验目的

(1) 了解沙尘暴的产生过程和条件；
(2) 理解沙尘暴与黄土之间的成因联系；
(3) 正确认识沙尘暴的影响。

三、实验原理

大规模沙尘暴产生的基本条件有三个：一是地面上的沙尘物质，它是形成沙尘暴的物质基础；二是不稳定的空气状态，它是沙尘暴的启动条件；三是大风，它是沙尘暴形成的动力基础，也是沙尘暴能够长距离输送的动力保证。加之人类在干旱半干旱地区的过度放牧和滥垦滥伐会导致土地退化，促进沙漠化，形成更大面积的裸露土地。

四、实验器材

玻璃房间密闭系统(3m×1.5m×2m)；

鼓风机(提供风力)，在鼓风机前设置挡板调节风速，模拟自然风场；

前部放置 3m×1m 塑料质平板作为侵蚀区，铺置 0.3m 厚含小砾石(小于 2cm)、砂、黏土的混合物质——模拟干旱区地面；

末端 0.5m 平台裸露作为沉积区，下置天平称重系统(进行沉积量测量)；

水、湿度计和加热器(调节干湿度)，100 根长 10cm、直径 0.5cm 细木棍——模拟地面湿度和植被变化；

钟表，作为计时器，每 5min 作为一个实验周期。

五、实验内容

(1)用鼓风机作为风源，在大平板做成的框子内铺上砾石、砂、黏土，按不同比例混合作为沙床模拟真实的沙漠和戈壁环境；

(2)按砾石、砂、黏土为 5∶2∶1 的比例设置表层覆盖物，模拟戈壁(砾漠)环境，观察在不同风速下的风力侵蚀、搬运和沉积状况；

(3)按砾石、砂、黏土为 1∶5∶1 的比例设置表层覆盖物，模拟沙漠环境，观察在不同风速下的风力侵蚀、搬运和沉积状况；

(4)在风速和下垫面稳定的条件下，在沙床上洒一定量的水进行湿度调节，观察湿度分别在接近 0、0.5%、1%、2%、3%、5%、10%和 20%时的起沙量及风力侵蚀和沉积情形；

(5)在侵蚀区沙土中插上不同数量和密度的木棍(以 10 个为单位逐次变化)模拟植被进行自然植被变化和人工治沙固沙实验，测量不同植被覆盖度条件下的侵蚀量；

(6)在控制各变量条件的背景下，逐步改变一个因素，对比不同风速、湿度、下垫面情况下的风力侵蚀和搬运状况，进行定量或半定量对比，实验结果记录于表 12-1。

表 12-1　实验现象记录表

实验样品	实验条件	观察结果(包含侵蚀区和沉积区)
第 1 步实验	风力大，地表干旱，无植被	
第 2 步实验	风力小，地表干旱，无植被	
第 3 步实验	风力大，地表潮湿，无植被	
第 4 步实验	风力大，地表干旱，有植被	
……	……	

观察不同实验条件下起沙扬尘量、砂粒运动规律和黄土沉积量。

六、思考题

(1)实验中风力、地表干湿度和植被是如何影响起沙扬尘量的？

(2)如何减少沙尘暴的产生？

(3)在学校如何自制设备收集沙尘暴并测算其沉积量？

七、参考文献

陈东. 2015. 青海巨型沙尘暴震撼来袭，世界末日不过如此. http://big5.qianzhan.com/news/detail/367/150401-21e7d35e.html [2016-11-26].

刘东生，等. 1985. 黄土与环境. 北京：科学出版社.

Shao Y P, Wyrwoll K, Chappell A, et al. 2011. Dust cycle: An emerging core theme in Earth system science. Aeolian Research，2：181-204.

第二部分

健 康 生 活

实验 13

人体重要脏器的形态与结构观察

一、背景资料

人体由 200 多种细胞组成，细胞是人体形态结构和功能的基本单位。由细胞和细胞间质组成的基本结构称为组织，组织有多种类型。每种组织具有某些共同的形态结构与功能特点，人体的基本组织分为四种，包括上皮组织、结缔组织、肌组织和神经组织。由几种不同的组织结合在一起构成具有一定形态和功能的器官，如心、肝、肺、肾等。在结构和功能上具有密切联系的器官结合在一起，共同执行某种特定的生理活动，即构成系统。人体可分为运动系统、循环系统、消化系统、呼吸系统、泌尿系统、生殖系统、免疫系统、内分泌系统、感觉器和神经系统。各个系统在神经、体液的支配和调节下彼此联系、互相影响，实现各种复杂的生命活动，使人体成为一个完整统一的有机体。内脏是指位于胸腹腔中的消化、呼吸、泌尿和生殖器官的总称，它们执行与新陈代谢以及生殖相关的功能，从结构上都直接或间接地与外界相通。

二、实验目的

观察并理解人体重要脏器的位置、形态、结构和功能，联系常见病的病理学机制，增加常见病的预防和保健知识。

三、实验原理

1. 心脏

心脏是人和脊椎动物体内推动血液循环的动力器官，属于循环系统，在解剖学中不属于内脏。心脏位于胸腔内，膈肌的上方，两肺之间，约 2/3 在正中线左侧，如图 13-1 所示。心脏如一倒置的、前后略扁的圆锥体，大小和本人的拳头相当。心脏有一尖、一底、两面、三缘和三沟；心尖钝圆，朝向左前下方，与胸前壁邻近，其体表投影在左胸前壁第五肋间隙锁骨中线内侧 1～2 cm 处，故在此处可看到或摸到心尖冲动。心底较宽，有大血管由此出入，朝向右后上方，与食管等后纵隔的器官相邻。心的胸肋面(前面)朝前上方，大部分由右心室构成。膈面(下面)朝后下方，大部分由左心室构成，紧贴着膈。心右缘垂直向下，由右心房构成。心左缘钝圆，主要由左心室及小部分左心耳构成，心下缘接近水平位，由右心室和心尖构成。心的表面有三条沟，即冠状沟、前室间沟和后室间沟。冠状沟是近心底处略呈环形的冠状沟，是心房和心室的分界线。前室间沟是在胸肋面上从冠状沟向下到心尖右侧的浅沟。后室间沟是在膈面上从冠状沟向前下到心尖右侧的浅沟。前、后室间沟是左、右心室在心表面的分界线。如图 13-2 所示。

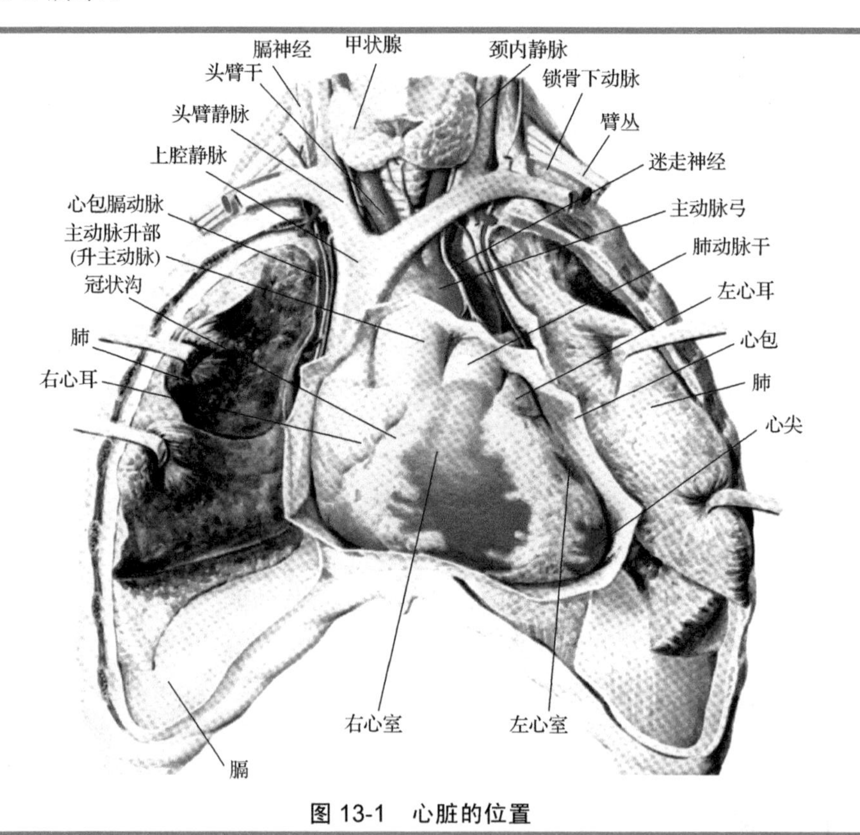

图 13-1 心脏的位置

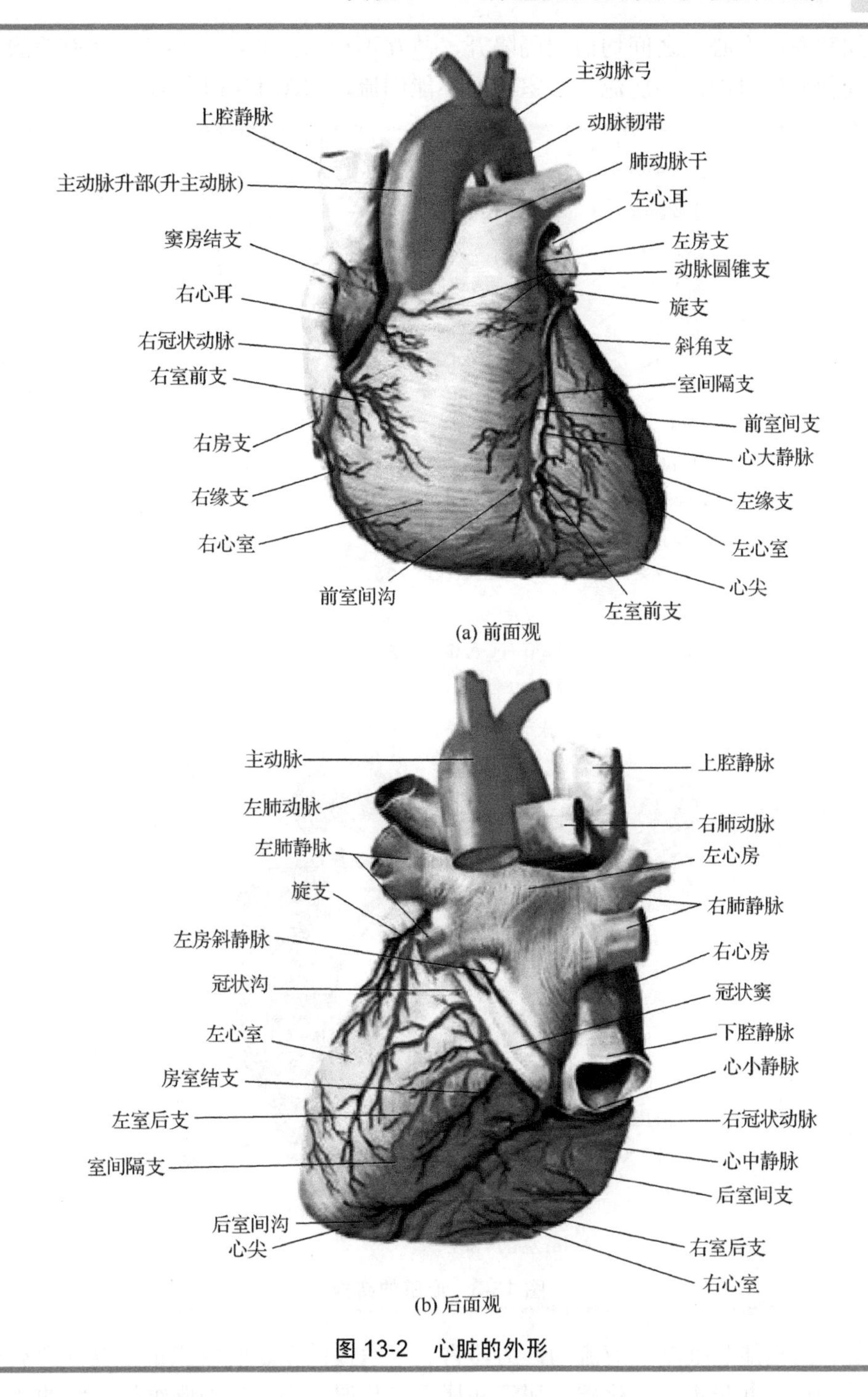

(a) 前面观

(b) 后面观

图 13-2　心脏的外形

心脏主要由心肌构成，有左心房、左心室、右心房、右心室四个腔。左、右心房之间和左、右心室之间均由间隔隔开，故互不相通，心房与心室之间有瓣膜，这些瓣膜使血液只能由心房流入心室，而不能倒流，如图 13-3 所示。

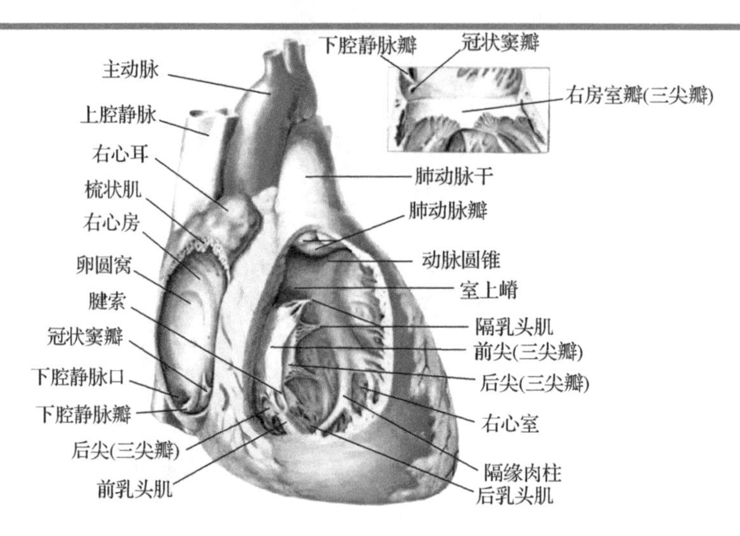

(a) 右心房和右心室

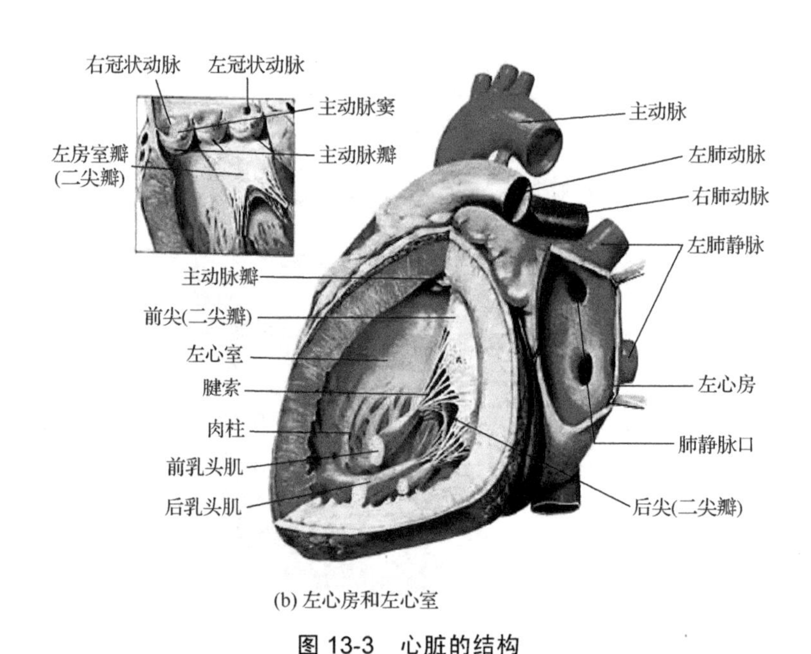

(b) 左心房和左心室

图 13-3 心脏的结构

心脏的功能是推动血液流动，为器官、组织提供充足的血流量，以供应氧和各种营养物质，并带走二氧化碳、尿素和尿酸等代谢产物，使细胞维持正常的代谢和功能。血液循环的路线分体循环和肺循环。体循环也称大循环，其行程长，路线为：血液自左心室→主动脉→毛细血管→体静脉→右心房，其功能是将动脉血运至身体各器官和组织，将静脉血运回心。肺循环也称小循环，行程较短，路线为：血液自右心室→肺动脉→肺毛细血管→肺静脉→左心房，其功能是完成在肺部的气体交换。人体血液循环如图 13-4 所示。

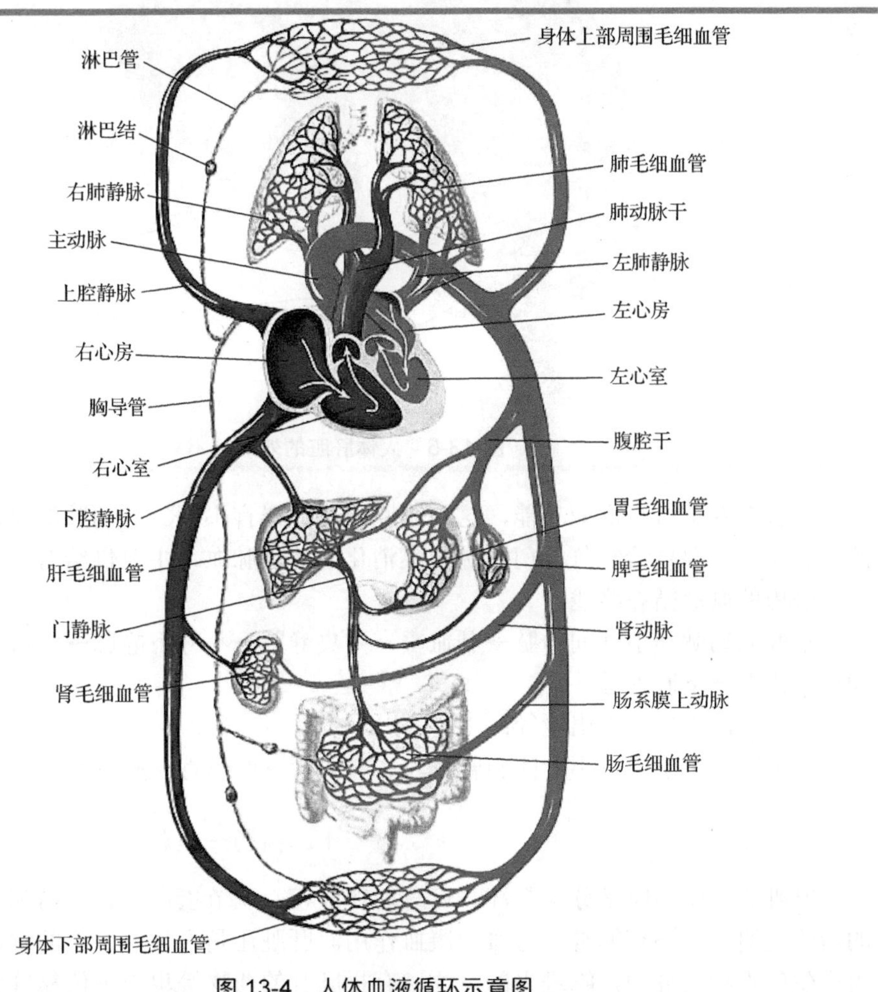

图 13-4 人体血液循环示意图

2．肝脏

肝是人体中最大的消化腺，也是最大的实质性脏器，成人的肝质量约 1500 g，相当于体重的 2%。正常肝呈红褐色，质地柔软。肝脏主要位于右季肋区和腹上区，大部分肝为肋弓所覆盖，仅在腹上区、右肋弓间露出并直接接触腹前壁，肝上面则与膈及腹前壁相接。肝分为方叶和尾状叶。肝方叶前缘为肝脏的下缘，其左缘为肝圆韧带，后缘为第一肝门，右缘为胆囊窝。肝尾状叶位于肝脏后方，其左缘为静脉韧带，右缘为下腔静脉窝，下缘为第一肝门。人体肝脏的外形如图 13-5 所示。

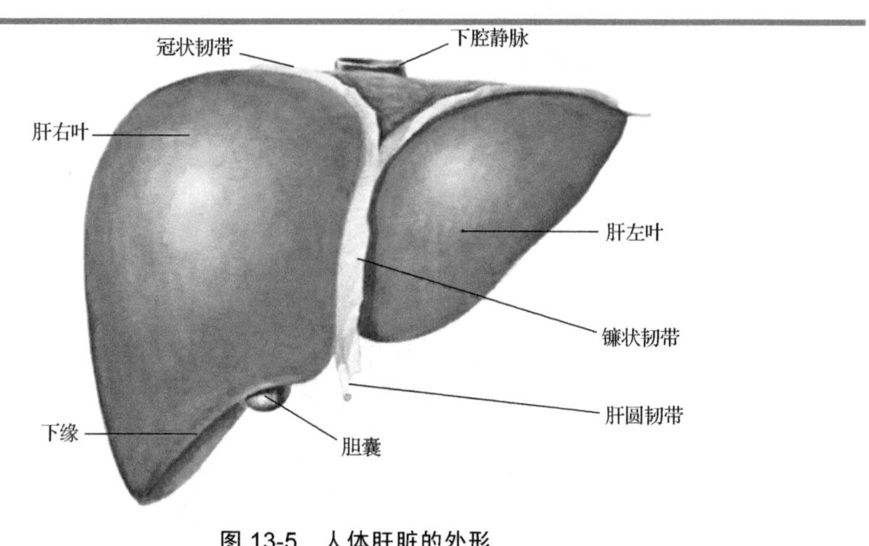

图 13-5 人体肝脏的外形

肝脏有双重血液供应功能，这与腹腔内其他器官不同。肝动脉的血液来自心脏的动脉血，主要供给氧气；门静脉收集消化道的静脉血，主要供给营养。

肝内的血液循环路线：

小叶间动脉和小叶间静脉→肝血窦→中央静脉→小叶下静脉→汇成 2～3 支肝静脉→出肝→下腔静脉。

肝内胆汁产生和排出途径：

肝细胞→胆小管→小叶间胆管→左、右肝管→肝总管→胆囊管→胆囊

↘ ↙

十二指肠←胆总管

肝脏的主要功能是分泌胆汁，储藏动物淀粉，调节蛋白质、脂肪和碳水化合物的新陈代谢等，还有解毒、造血和凝血作用。肝脏还是人体内最大的解毒器官，体内产生的毒物、废物，吃进去的毒物、有损肝脏的药物等也必须依靠肝脏解毒。

病毒性肝炎是由多种不同类型的肝炎病毒引起的一组以伤害肝细胞为主的传染病，包括甲型(A)、乙型(B)、丙型 (C)、丁型(D) 和戊型(E)肝炎。其临床表现主要为食欲减退、疲乏无力、肝脏肿大及肝功能损害，部分病例出现发热及黄疸，但多数为无症状感染者。其中乙型、丙型肝炎易发展为慢性。慢性乙型肝炎病毒(HBV)感染及慢性丙型肝炎病毒(HCV)感染均与原发性肝细胞癌的发生有密切关系。

3．肺

肺位于胸腔，左右各一，如图 13-6 所示。肺有分叶，左二右三，共五叶。肺经气管、支气管与喉、鼻相连。

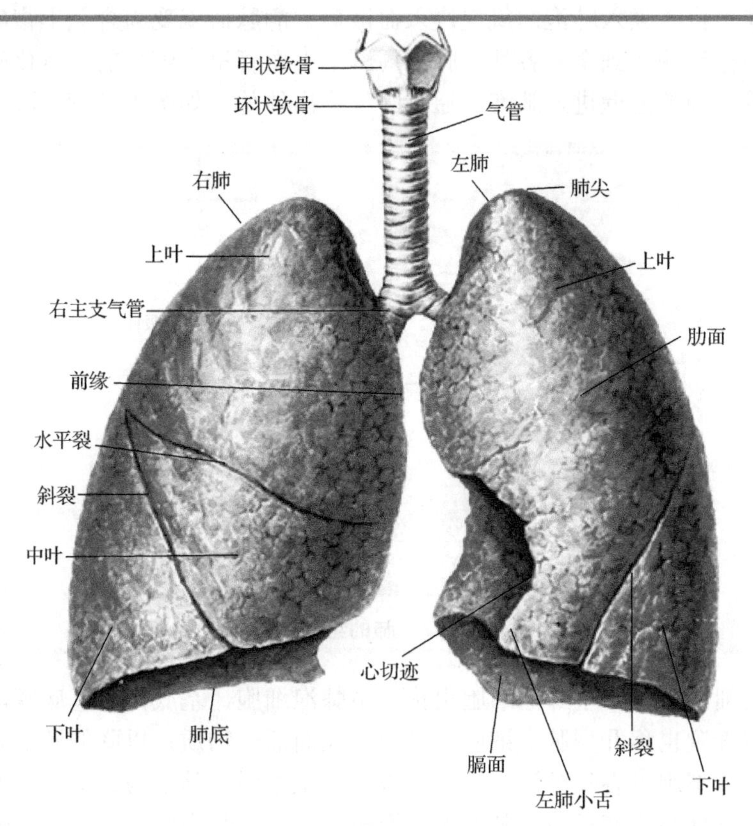

图 13-6　人体肺的外形

肺上端钝圆，叫肺尖，向上经胸廓上口突入颈根部，底位于膈上面，对向肋和肋间隙的面叫肋面，朝向纵隔的面叫内侧面，该面中央的支气管、血管、淋巴管和神经出入处叫肺门，这些出入肺门的结构被结缔组织包裹在一起叫肺根。左肺由斜裂分为上、下两个肺叶，右肺除斜裂外，还有一水平裂将其分为上、中、下三个肺叶。肺是以支气管反复分支形成的支气管树为基础构成的。支气管在肺内反复分支，最后形成肺泡。支气管各级分支之间以及肺泡之间都由结缔组织性的间质所填充，血管、淋巴管、神经等随支气管的分支分布在结缔组织内。肺泡之间含有丰富的毛细血管，毛细血管与肺泡共同组成呼吸膜，血液和肺泡通过呼吸膜完成气体交换。

肺泡是由单层上皮细胞构成的半球状囊泡。肺中的支气管经多次反复分支成为无数细支气管，它们的末端膨大成囊，囊的四周有很多突出的小囊泡，即为肺泡。肺泡的大小形状不一，平均直径 0.2mm。成人约有 3 亿～4 亿个肺泡，总面积近 $100m^2$，比人的皮肤的表面积还要大好几倍。肺泡是肺部气体交换的主要部位，也是肺的功能单位。吸入肺泡的氧气进入血液后，静脉血就变为含氧丰富的动脉血，并随着血液循环输送到全身各处。肺泡周围毛细血管里血液中的二氧化碳也可以透过毛细血管壁和肺泡壁进入肺泡，通过呼气排出体外，如图 13-7 所示。

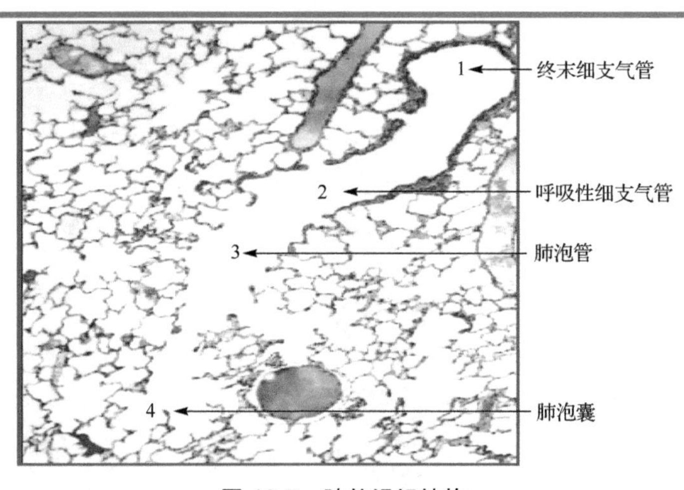

图 13-7 肺的组织结构

肺泡的细胞类型：小肺泡细胞也称Ⅰ型肺泡细胞，基底部是基底膜，无增殖能力；大肺泡细胞也称Ⅱ型肺泡细胞，可分泌表面活性物质，以降低肺泡表面张力；肺泡内的巨噬细胞可吞噬肺泡终尘粒，被称为尘细胞。肺泡与肺部毛细血管紧密相连，有助于气体的快速扩散。肺泡内表面液体、Ⅰ型肺泡细胞与基膜、薄层结缔组织、毛细血管基膜与内皮共同组成气-血屏障。

肺有两套血管系统，一套是循环于心和肺之间的肺动脉和肺静脉，属肺的机能性血管。肺动脉从右心室发出伴支气管入肺，随支气管反复分支，最后形成毛细血管网包绕在肺泡周围，在此将血液中的二氧化碳释放于肺泡中，从肺泡中吸收氧气，完成肺换气功能，之后逐渐汇集成肺静脉，流回左心房。另一套是营养性血管，叫支气管动、静脉，发自胸主动脉，攀附于支气管壁，随支气管分支而分布，为肺内支气管、肺血管壁和脏胸膜提供营养。

4. 肾

肾是人体的重要排泄器官，其主要功能是通过形成尿排出代谢废物，调节体内的电解质和酸碱平衡。肾脏具有内分泌功能，通过产生肾素、促红细胞生成素、前列腺素等，参与血压调节、红细胞生成和钙的代谢。

肾脏为成对的实质性器官，位于脊柱两侧，紧贴腹后壁。左肾上端平第 11 胸椎下缘，下端平第 2 腰椎下缘。右肾比左肾低半个椎体。左侧的第 12 肋斜过左肾后面的中部，右侧的第 12 肋斜过右肾后面的上部。肾长 10～12 cm、宽 5～6 cm、厚 3～4 cm、重 120～150 g；左肾较右肾稍大，肾纵轴上端向内、下端向外，因此两肾上极相距较近，下极较远，肾纵轴与脊柱所成角度为 30° 左右。正常肾脏为红褐色，可分为内、外侧两缘，前、后两面和上、下两端。肾的外侧缘隆凸，内侧缘中部凹陷，称肾门，是肾盂、血管、神经、淋巴管出入的门户。由肾门凹向肾内，有一个较大的腔，称肾窦。肾窦由肾实质围成，窦内含有肾动脉、肾静脉、淋巴管、肾小盏、肾大盏、肾盂和脂肪组织等。肾外缘为凸面，内缘为凹面，凹面中部为肾门，所有血管、神经及淋巴管均由此进入肾脏，肾盂则由此走出肾外。

肾脏内部的结构可分为肾实质和肾盂两部分。在肾纵切面可以看到，肾实质分内外两层：外层为皮质，内层为髓质。肾皮质新鲜时呈淡红色，由一百多万个肾单位组成。每个肾单位由肾小球、肾小囊和肾小管所构成，部分皮质伸展至髓质锥体间，成为肾柱。肾髓质新鲜时呈红褐色，由 10～20 个锥体所构成。肾锥体在切面上呈三角形。锥体底部向肾凸面，尖端向肾门，锥体主要组织为集合管，锥体尖端称肾乳头，每一个乳头有 10～20 个乳头管，开口于肾小盏的漏斗部。

在肾窦内有肾小盏，为漏斗形的膜状小管，围绕肾乳头。肾锥体与肾小盏相连接。每肾有 7～8 个肾小盏，相邻 2～3 个肾小盏合成一个肾大盏。每肾有 2～3 个肾大盏，肾大盏汇合成扁漏斗状的肾盂。肾盂出肾门后逐渐缩窄变细，移行为输尿管，如图 13-8 所示。

肾单位是肾脏结构和功能的基本单位，如图 13-9 所示。每个肾单位由肾小体和肾小管组成。肾小体内有一个毛细血管团，称为肾小球，肾小球是毛细血管球，由肾动脉分支形成。肾小球外由肾小囊包绕，肾小囊分两层，两层之间有囊腔与肾小管的管腔相通，血液通过滤过产生的原尿存在于此。一般情况下，成人一昼夜过滤入肾小囊腔的原尿约 180 L。原尿中除不含大分子的蛋白质外，其余成分与血浆基本相似。所以若滤过屏障受损，则大分子蛋白质，甚至血细胞均可漏出，出现蛋白尿和血尿。

肾小管是对原尿重吸收的细长管道，近端小管可重吸收 85%以上 Na^+和水，全部蛋白质，氨基酸、葡萄糖及维生素，50%的碳酸氢盐和尿素，可排出 H^+、氨、肌酐和马尿酸等。远端小管重吸收 Na^+、Cl^-和剩余水分，排出 K^+和 H^+，具有调节机体的水盐平衡的功能。肾小管汇成集合管，形成终尿。若干集合管汇合成乳头管，终尿由此流入肾小盏。

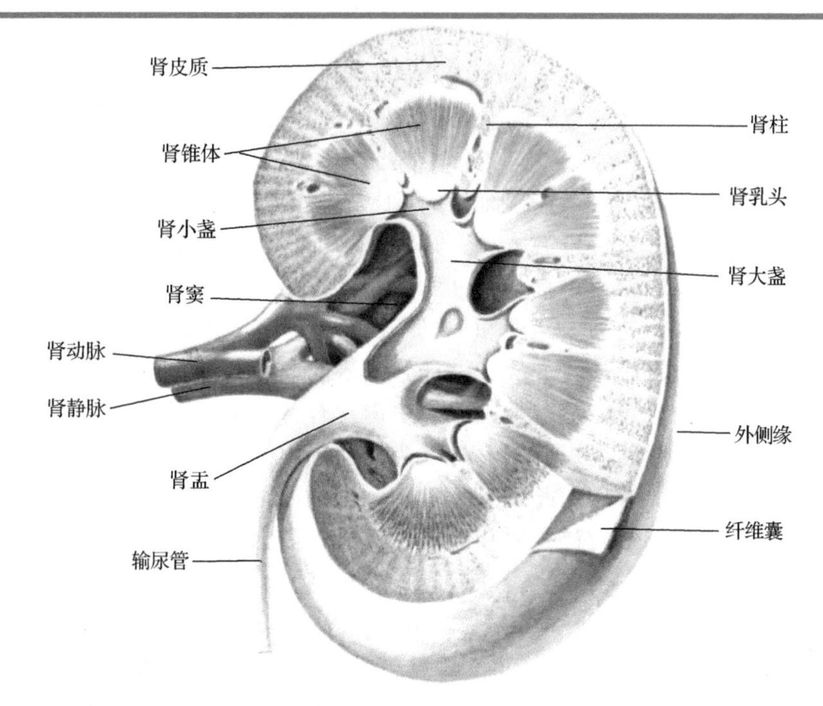

图 13-8 人体肾脏的形态与结构

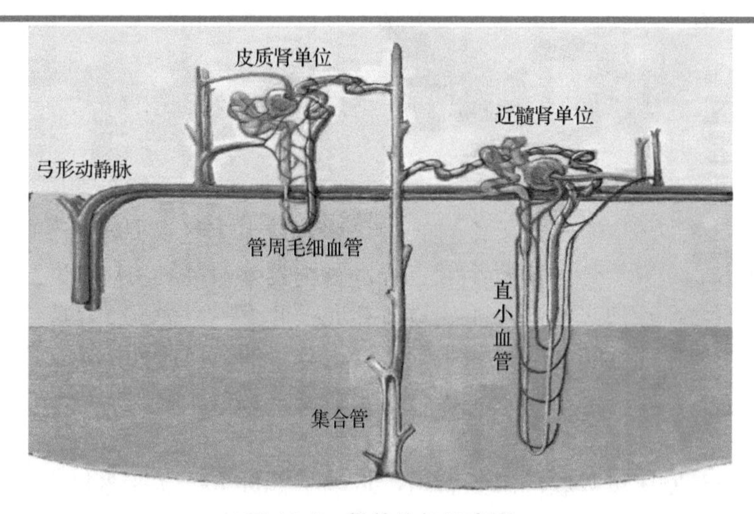

图 13-9 肾单位的示意图

肾小管对于葡萄糖的重吸收能力是有限的，当胰岛素分泌不足使组织细胞对于糖的利用发生障碍而引起高血糖时，由于血糖水平超过了肾小管的重吸收能力，部分血糖可能随尿排出，从而形成糖尿。

四、实验器材

人体腹腔模型，心、肝、肺和肾分离模型。

五、实验内容

(1)观察人体胸腹腔主要内脏器官的位置和形态；
(2)观察心脏的位置、形态、结构；
(3)观察肝脏的位置、形态、结构；
(4)观察肺的位置、形状、结构；
(5)观察肾的位置、形状、结构。

六、思考题

(1)心脏的结构及血液循环途径是什么？
(2)胆汁的产生和分泌管道、肝血液循环的特点是什么？
(3)尿液是如何产生和排出的？

七、参考文献

段相林，郭炳冉，辜清. 2012. 人体组织学与解剖学. 5版. 北京：高等教育出版社.
辜清，郭炳冉，段相林. 2014. 人体组织学与解剖学实验. 5版. 北京：高等教育出版社.

实验 14
人血型的检测及血涂片制作

一、背景资料

1. 血型的发现

自 17 世纪哈维发现血液循环以后，人类就开始输血的尝试。1667 年法国哲学家丹尼斯和外科医生埃默雷茨将羊血输给一名患者，这是人类历史上有文字记载的第一次输血。1829 年英国医生布雷德尔第一次完成人与人之间的输血试验。这些试验的大多数患者死亡，只有少数患者康复，结果令人失望。这是为什么呢？

1900 年，奥地利医学家兰德斯坦纳发现了人类的血液有不同的类型。他首次发现自体的红细胞和血清在试管内混合后不会发生凝集，但从不同个体采集来的红细胞和血清在试管中混合后就有发生凝集与不凝集两种情况。兰德斯坦纳对这种现象给出了合理的解释，红细胞上有两种特异的结构，在血清中有这种特异结构的抗体——凝集素，如果它与红细胞上的特异结构相遇就会产生凝集反应，给患者输血时如果遇到这种情况就会发生危险。1930 年兰德斯坦纳获得诺贝尔生理学或医学奖。

2. 血型抗原的分类

血型是以血液抗原形式表现出来的一种遗传性状。狭义的血型指人类红细胞抗原的个体间差异。目前已知道，除红细胞外，白细胞、血小板乃至某些血浆蛋白等在个体之间也存在着抗原差异。因此，广义的血型应包括血液各种抗原成分的个体间差异。血型在人类学、遗传学、法医学、临床医学等学科都有广泛的实用价值，因此具有重要的理论和实践意义。

血型是由红细胞膜表面特异性抗原的类型所决定，可通过红细胞表面同族抗原的差别而进行分类。目前已经发现了 30 个不同的血型系统，最常见的为 ABO 血型系统和 Rh 血型系统。ABO 血型系统是人类最常用的区分血型的系统，分为 A、B、AB、O 四型。其次为 Rh 血型系统，主要分为 Rh 阳性和 Rh 阴性。我国 99%的人都是Rh 阳性，1%是 Rh 阴性。一种血型的红细胞与不同血型的血清混合时，红细胞则黏聚在一起，发生凝集反应，致红细胞受损害发生溶血。

血涂片是血细胞显微镜观察的样品，其制作过程简单易行，在基础研究和临床上被广泛应用，通过人血涂片的制作与观察，可辨认血液的细胞类型并进行不同类型的血细胞计数。

3. 血型的基因及其遗传

每一种血型系统都是由遗传因子决定的，并具有免疫学特性。在 ABO 血型系统中，血型受一组等位基因控制，它可以有显性的，也可以有隐性的。在父母双方的生殖细胞相结合时，双亲染色体中的血型基因在新个体细胞中配对，血型的基因在结合时要发生重组合，重组后形成子女的血型基因。所以，子代血型特性由父母的基因决定，子女与父母血型间有一定的血缘关系，但是不一定相同。凡父、母是 A 或 B 型血者，其子女可能是 A 型、B 型或 AB 型，也可能是 O 型。因为 A 型或 B 型都含隐性基因，当父本的隐性基因与母本的隐性基因相结合时，则表现为 O 型。见表 14-1。

表 14-1 ABO 血型基因及抗原抗体特性

父母的血型	父母的血型基因	配对后的血型基因	子女的血型
O 与 O	ii+ii	ii	O
A 与 O	Ai+ii,AA+ii	Ai,ii	A,O
A 与 A	Ai+Ai,AA+Ai,AA+AA,Ai+AA	AA,Ai,ii	A,O
A 与 B	AA+BB,Ai+Bi,AA+Bi,Ai+BB	AB,Ai,Bi,ii	AB,A,B,O
A 与 AB	Ai+AB,AA+AB	AA,AB,Ai,Bi	A,AB,B
B 与 O	BB+ii,Bi+ii	Bi,ii	B,O
B 与 B	Bi+Bi,BB+Bi,BB+BB,Bi+BB	BB,Bi,ii	B,O
B 与 AB	Bi+AB,BB+AB	AB,Ai,Bi,BB	AB,A,B
AB 与 O	AB+ii	Ai,Bi	A , B
AB 与 AB	AB+AB	AA,BB,AB	A,B,AB

注：A、B、O 表示显性基因，i 表示隐性基因。

4. 血细胞的辨认

红细胞，无细胞核和细胞器，呈双凹圆盘状。胞质内充满血红蛋白，是含铁的蛋白质，结合和运输 O_2 和 CO_2。白细胞，有核，球形，比红细胞大。根据白细胞内有无颗粒，可分为有粒白细胞和无粒白细胞。按其颗粒对于染料的嗜色性，有粒白细胞可分为中性粒细胞、嗜酸性粒细胞和嗜碱性粒细胞；无粒白细胞包括单核细胞和淋巴细胞，另外有与凝血过程相关的血小板。血细胞的显微结构如图 14-1 所示。

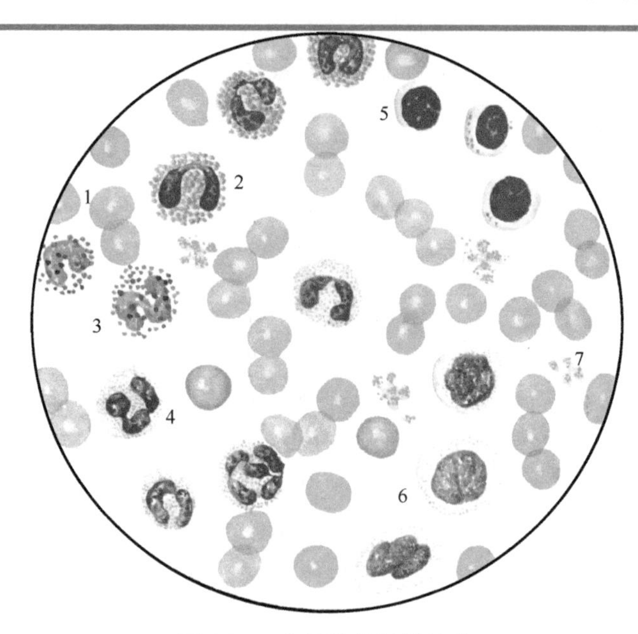

图 14-1　血细胞的显微结构

1-红细胞；2-嗜酸性粒细胞；3-嗜碱性粒细胞；4-中性粒细胞；5-淋巴细胞；6-单核细胞；7-血小板

二、实验目的

(1) 熟悉血型与输血常识；

(2) 了解人类 ABO 血型检测的原理与方法，掌握用标准血清进行血型检测的技术；

(3) 学会血涂片制作和血细胞的辨认。

三、实验原理

在 ABO 血型系统中，红细胞表面的抗原(或称凝集原)有两种，分别为 A 型和 B 型，血清中的抗体(或称凝集素)也有两种，分别是抗 A 和抗 B。按其红细胞所含抗原的有无及不同，把人的血型分为 4 种：

红细胞只含 A 抗原的为 A 型，血清中有抗 B；

红细胞只含 B 抗原的为 B 型，血清中有抗 A；

红细胞含 A、B 两种抗原的为 AB 型，血清中不含抗 A、抗 B；

红细胞 A、B 两种抗原都没有的为 O 型，血清中含抗 A、抗 B。

每个人血清中都不含有与自身抗原相对抗的抗体。如果相对抗的抗原和抗体相遇，即抗原 A 与抗 A 相遇，就会出现凝集现象。也就是说，具有抗原 A 的红细胞可被抗 A 凝集；同样，抗 B 可使含抗原 B 的红细胞发生凝集。

血型检测分为检测基因型和检测抗原、抗体的血清型两类。血清检测技术是通过红细胞和相应抗体的凝集作用来鉴定血型，而以 DNA 为检测材料的基因分型技术是以聚合酶链反应(PCR)为基础检测单核苷酸多态性(SNP)。

ABO 血型系统是人类血型系统中抗原免疫性最强的一个血型系统。红细胞血型鉴定试验的血清学分为正定型试验和反定型试验。正定型是用已知的特异性抗体(抗 A、抗 B 标准血清)检查红细胞有无相应的抗原。常用的方法有玻片法和试管法，试验方法依不同试剂对红细胞的要求而不同。反定型试验是用已知血型的 A、B 红细胞试剂检查血清中有无相应的抗 A、抗 B。本实验采用玻片法正定型试验，即通过标准血清中的抗体检测被检者血红细胞的抗原，见表 14-2。

表 14-2 血清检验的正定型试验

标准血清+被检者红细胞		结果判断
抗 A	抗 B	
+	–	A
–	+	B
+	+	AB
–	–	O

注：“+”为发生凝集反应，“–”为不发生凝集反应。

四、实验器材

双凹玻片、普通玻片、玻棒、一次性采血针和蜡笔；

抗 A、抗 B 标准血清，75%酒精棉球和瑞氏染液。

五、实验内容

(1)滴加血清：取洁净的双凹玻片 1 块、普通玻片 2 块，用蜡笔在双凹玻片左上角写“A”，右上角写“B”。在 A 侧滴加一滴标准血清 A，在 B 侧滴加一滴标准血清 B，严防两者相混。如图 14-2 所示。

(2)采血：用 75%酒精消毒无名指或小指指端，以一次性采血针刺破皮肤，待血流出，用洁净小玻棒两端分别自血滴取少许血放入双凹玻片的 A 和 B 血清中混匀静置。注意放入 A 的玻棒一头绝对不能再放入 B 中，反之亦然。待血滴达绿豆大小或挤出绿豆大小血液，用清洁玻片一端轻触血滴使血滴附于玻片面上，注意勿触及皮肤，否则血滴在玻片上就不能成滴。另取一块玻片做推片，将其一端置玻片上，并触及血滴，使血滴几乎呈一直线，然后使两玻片成大约 40°～45° 角推出均匀的血膜，自然晾干。

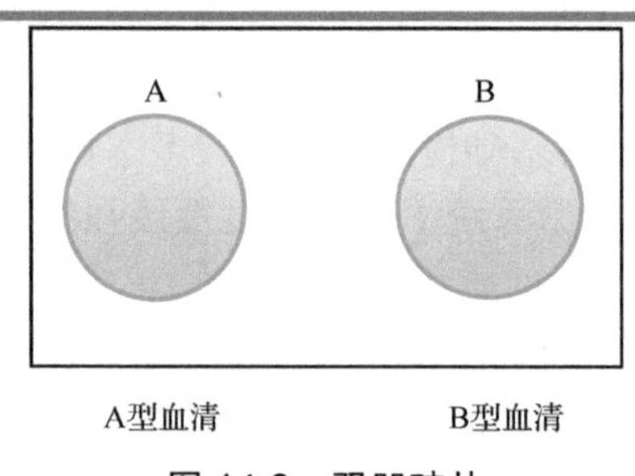

图 14-2 双凹玻片

(3) 观察分析血型：双凹血型玻片静置 3～5min 后观察是否有凝集现象发生，根据有无凝集现象判断血型。先让学生判断所检测的血型，再讲解原理，加深印象。记录观察结果，写实验报告。

(4) 血涂片染色和观察：血涂片自然晾干后滴加瑞氏染液于血膜上染色 20min，自来水缓慢冲洗染液，加盖玻片后在光镜下观察血细胞的形态、结构和颜色。

六、参考文献

高华. 2008. 目前常用红细胞血型检测技术简介. 北京医学，30(6)：367-368.
杰夫·丹尼尔. 2007. 人类血型(原书第二版). 中文翻译版. 北京：科学出版社.
刘达庄. 2002. 免疫血液学. 上海：上海科学技术出版社.

实验 15

物理法鉴别常见食材真伪

一、背景资料

民以食为天，食以安为先，食品安全关系千家万户的健康和幸福。一直以来，食品安全都是全球关注的热点。掺假使坏、见利忘义，是食品安全事故高发的主要原因，由此造成了注水肉、勾兑酒、染色米、毒奶粉的出现，甲醛泡、硫黄熏等恶劣手法层出不穷，一次次撞击着人们脆弱的心理防线，使人们无所适从。目前，对于日常生活中食品、食材真伪的判断已由专家、专门实验室转移给了普通消费者；作为消费者，我们可以利用科学的工具，掌握一些常见食材真伪的鉴别方法，从而提高我们的生活质量，保证我们的生活健康。

食品的掺伪指人为地、有目的地向食品或食材中加入一些非固有成分，以增加其重量或体积，改变质量，以伪劣的品质迎合消费者心理的行为。掺伪可分为掺假、掺杂和伪造。

(1)掺假指向食品或食材中非法掺入物理性状或形态与该食品相似的物质，以增加其重量，改变某种性状。如小麦粉中掺入滑石粉、味精中掺入食盐、制作油条过程中掺入洗衣粉、食醋中掺入游离矿酸(盐酸、硫酸、硝酸、硼酸等)等。

(2)掺杂指在食材中非法掺入非同一种类或同种类劣质物质。如大米中掺入砂石、糯米中掺入大米等。

(3)伪造指人为地用一种或几种物质进行加工而冒充某种食品或食材在市场销售的违法行为。如用工业酒精兑制白酒、用工业醋酸兑制食醋、用毛发水解液勾兑酱油等。

我国近年来发生的几起震惊全国的食品安全事故，如山西朔州假酒案、金华“毒火腿”案、阜阳劣质奶粉事件、三鹿奶粉事件等均为典型的食品掺伪事件。

对于常见食材真伪的鉴别，可以是专家、专门实验室的任务，也可以由消费者通过简便易行的方法进行。这些方法有的利用了待检测物质的物理性质，如自然属性、溶解性能、吸水性能、对热的敏感性等。有的利用了待检测物质的化学性质，如酸碱性、氧化还原、水解、沉淀、显色等。本实验就是借助常见的一些材料，通过最简单的过程，教会你辨别食材、食品真伪的一些方法。

二、实验目的

(1) 利用待检测物质基本的物理性质及简单的过程，掌握一些假、劣食材鉴别的方法；

(2) 培养科学兴趣，提高生活能力。

三、实验原理

在食品中使用的一些色素，包括人工色素和天然色素，在水中均有一定的溶解度，也可以被纸纤维吸附，因此可以利用色素的水溶性或吸附性进行一些染色食品或食材的鉴定。

天然的食用肉类(猪肉、鸡肉等)，尽管含水量较大，但绝大多数的水分均在细胞内，游离的水分很少，因此新鲜肉用纸巾等吸水材料试验时，不可能有太明显的水渍；而注水肉，由于所注水分不可能在短时间内进入细胞内，因此大部分呈游离状态，用干纸巾试验时，会很快出现较明显的水渍。

传统“水代法”工艺制作香油是利用水和油互不相容的原理进行的，制作出来的香油被称为小磨香油。因此亦可根据油、水互不相容的原理，鉴别香油的精炼程度，从而判断香油的品质优劣。

鸡蛋蛋壳上约有 7000 多个气孔，大部分位于气室附近。随着鸡蛋贮藏时间的增加，蛋内的水通过气孔蒸发，气室就会不断变大，鸡蛋在水中就会漂浮得越高。因此通过鸡蛋在水中的漂浮情况，可判断鸡蛋的新鲜程度。

四、实验器材

普通家用纸巾；

不同品牌或不同产地的新鲜猪肉、牛肉、鸡肉、黄花鱼、蜂蜜、黑米、大米、小米、香油、黑芝麻、花椒、木耳、鸡蛋、食用白醋、红酒、食盐等食材；

烧杯(500 mL)、玻璃棒等。

五、实验内容

1. 纸巾试验

1) 干纸巾试验

(1) 注水肉的鉴别：将干纸巾对折放在鲜肉(猪肉、牛肉、鸡肉均可)上，按实稍等，如注水，则纸巾上有明显水印并迅速散开；如未注水，则纸巾上只有少量油渍；吸水的纸巾难以点燃，而有油渍的纸巾则可迅速点燃。

(2) 染色黄花鱼鉴别：未染色的黄花鱼背腹部鱼鳞为黄色，嘴和腮无色；染色黄花鱼通体为黄色；用干纸巾擦拭鱼身黄色部位，纸巾被明显染黄的为染色，纸巾不变色的为未染色。

(3) 掺水蜂蜜的鉴定：优质蜂蜜滴在干纸巾上，呈圆珠状，很难散开，周围无水渍；掺水蜂蜜滴在干纸巾上也呈圆珠状，但很快晕开，周围有明显的水渍。

方法扩展：也可用玻璃棒蘸取蜂蜜做液滴实验，优质蜂蜜黏度大，拉丝，不容易滴落；劣质蜂蜜黏度小，容易滴落。

(4) 红酒品质的鉴别：红酒造假方法通常是使用化工合成的色素进行勾兑。取一张质量较好的纸巾，将少量红酒滴在纸巾上，如果纸巾上散开的湿迹是均匀的红色，没有水迹扩散，说明红酒的品质不错；如果纸巾上有色块形成，或者看到有水迹外扩的痕迹，说明红酒的品质一般。

知识扩展：上述鉴别红酒的方法，只是一个初步的判断，要真正鉴别红酒的优劣，还是要看葡萄酒本身的颜色和味道。

(5) 优劣大米鉴别：用纸巾将大米包起来放在手掌上，然后握紧拳头，使劲挤捏一分钟。再展开纸巾时，纸巾上会留下无数的大米凹痕印。如果用肉眼能看出在一些大米印痕上有淡淡的黄色或无色的油渍，说明该大米是被浸泡加工过的劣质陈旧米。

知识扩展：陈米一般通过抛光打蜡等方式来获得晶莹剔透的效果，如果打蜡打得非常均匀，用纸巾很难分辨出来，不过这种可能性较小。

2) 湿纸巾试验

染色米鉴别：用水浸湿纸巾，但不要太湿，以不滴水为好。用湿纸巾擦拭待检测的有色米类(黑米、小米均可)，纸巾染色者，疑似人工染色。

知识扩展：染色黑米颜色乌黑，擦去表面浮尘后依然乌黑，有掉色；未经染色的正常黑米黑色不均匀，有光泽，擦去浮尘后依然有光泽。染色小米情况类似。

方法扩展：方法 1，观外貌。仔细看黑米的尾部是否有小白点，自然生长未经染色的黑米尾部也就是蒂，会有一个小白点，而经过染色的黑米，没有这个小白点。

方法 2，刮黑米。可以将米粒外面黑皮全部刮掉；如果是自然生长的黑米，里面的米粒是白色的。染色的黑米，染料颜色会渗到米芯里去。

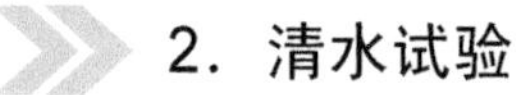

2. 清水试验

1)掺假香油的鉴别

一杯清水(最好为去离子水)，用玻璃棒蘸取香油(芝麻油)，滴至清水中，待两三分钟后观察，若芝麻油在水中散开，未呈点滴状，说明油中水分多，加工精炼程度低，有可能掺了假。同样一杯清水，将待辨认芝麻油滴于清水表面，如是真正香油，油会在水面上慢慢散开，形成一油膜；但如果是棉籽油，则散开速度明显较慢，呈珠状。

知识扩展：芝麻油分子间作用力小，容易散开；而棉籽油分子间作用力大，不容易散开。

2)染色食材的鉴别

(1)黑芝麻、小米、黑米、花椒：用水浸泡待测物质，水变色者为人工染色。

(2)木耳：优质黑木耳根部坚硬，单片呈碗状，浸泡后发黑、厚、圆，水清澈；劣质木耳浸泡后水浑浊。

3)鸡蛋新鲜程度的鉴别

将鸡蛋浸在冷水中，如果鸡蛋平躺并沉于水底，则鸡蛋很新鲜；若鸡蛋倾斜在水中并接近底部，说明这颗蛋已经放了 3～5 天；若鸡蛋直立在水中且上浮，说明这颗蛋已有 10 天之久；若鸡蛋浮在水面上，则该鸡蛋已经变质了。

知识扩展：鸡蛋放置时间越长，鸡蛋中的气室越大，比重越小，在水中越易上浮。

方法扩展：取 4 个烧杯，依次倒入 500 mL 清水，分别放入 25 g、30 g、35 g、40 g 食盐，搅拌直至食盐全部溶解。将鸡蛋依次放入上述盐水中，可根据鸡蛋在不同溶液中的漂浮程度，判断鸡蛋的新鲜程度。

六、思考题

(1)模拟本实验，想一想还可以用什么简单的材料或方法鉴别食品或食材的真伪。

(2)查阅文献，说明食品中可能使用的合成色素对人体的危害。

七、参考文献

肖春玲. 2000. 食品特性概述. 中国食物与营养，(6)：34-35.

肖园. 2012-01-09. 食品造假的“黑色贪婪”. 北京科技报，(51).

袁玉伟，张志恒，叶雪珠，等. 2010. 蜂蜜掺假鉴定技术研究进展与对策建议. 食品科学，31(9)：318-322.

张丽霞，黄纪念，芦鑫，等. 2012. 芝麻油掺伪鉴别技术研究进展. 中国食物与营养，18(1)：7-10.

张敏，童华荣，张丽平. 2005. 动物性食品安全现状及其对策. 食品工业科技，(5)：182-186.

朱建如，陈永德. 1994. 掺假、掺杂食品产生的原因及治理. 中国公共卫生管理，10(3)：165-167.

实验 16

化学法鉴别常见食材真伪

一、背景资料

一般意义上的假食材，是指掺伪食材。掺伪是指人为地、有目的地向食品中加入一些非固有成分，以增加其重量或体积，而降低成本；或者改变某种质量，以伪劣的色、香、味来迎合消费者心理的行为。

鉴别食材的真伪，不仅可以借助一些物理方法，也可以通过简单化学过程来实现。化学方法鉴别食材真伪的本质是利用化学试剂与食材中的一些物质发生化学反应，产生明显的变化来判断。如食用色素遇酸或碱发生颜色的变化，本质是色素分子的结构发生了改变，导致颜色发生了变化；利用酒精沉淀多糖的性质，可以鉴别酱油是勾兑的，还是发酵的，以及酱油发酵的程度怎样。这方面简便易行的方法很多，掌握这些方法，对于杜绝假食材的侵害、提高日常生活质量有重要的意义。

二、实验目的

(1)学会使用一些简单的化学方法，进行真伪食材的鉴别；

(2)掌握化学实验的基本原理及基本技能。

三、实验原理

天然粮食中总会含有一些蛋白质(如小麦中的面筋蛋白)和多糖类(如淀粉、纤维素等)物质；而蛋白质及多糖类物质，在高浓度的乙醇溶液中会发生沉淀，借此可以判断酿造酱油中蛋白的存在及发酵程度；酱油在酿制的过程中，黄豆等粮食中的蛋白质会被分解为多肽类物质。发酵完全，大分子的蛋白类物质降解为肽类及氨基酸，在高浓度的乙醇溶液中不会出现沉淀，但其中分子量较大的多肽会导致挂壁现象；发酵不完全，其中尚有未被分解的蛋白质，就会出现沉淀。若为勾兑酱油，则没有蛋白，也不会出现沉淀，同时没有多肽，不会出现挂壁现象。

市场上出售的假食用醋，一般是用工业冰醋酸勾兑而成的。酿造的食用醋中除了醋酸作为酸性成分外，必然带有粮食中的成分及酿制过程中产生的衍生物，其中许多分子，如单糖、醛类等均具有还原性，这些物质可以使高锰酸钾溶液褪色。而勾兑醋，由于只有醋酸一种物质，没有还原性，不能使高锰酸钾褪色。

不管是何种染色的伪食材，如黑米、小米、黑木耳、花椒等，均是利用色素浸染假劣食材形成的，这些色素均可在酸性或碱性溶液中发生颜色的改变，其本质是在酸性或碱性试剂的存在下，色素分子的结构均可发生一定程度的改变，从而导致颜色也发生变化，借此可以判断这些食材是否染色。

掺假蜂蜜通常使用的是食用糖浆或工业糖浆，由于水解程度的差别，其中有一些直链的多糖或寡糖，遇碘后形成缔合物而显色。

市场上销售的白酒，有相当一部分为勾兑酒，即用食用酒精兑水并添加一定的香料形成的，其与酿造酒的区别是：酿造酒中难免带有一些粮食成分，这些成分由于溶解性能的差异，会在浓度改变后溶解度变小而出现浑浊，如高级脂肪酸酯类可能出现这种现象；还有些成分由于酸碱度的变化，出现颜色的变化。

四、实验器材

食用酱油（三个以上不同品牌）、食用醋（三个以上不同品牌，另用冰醋酸配制3%～4%溶液作为勾兑食用白醋）、黑米（或花椒、小米、黑木耳等，三个以上不同品牌）、白酒（三个以上不同品牌，另用95%乙醇稀释配制成60%的白酒作为勾兑酒）；

乙醇（95%）、$KMnO_4$、0.01%甲基紫溶液、可溶性淀粉和食用碱、NaOH；

碘酒（2.5%）：碘 25 g，碘化钾 10 g，无水乙醇 500 mL，最后加水定容至 1000 mL；

100 mL 容量瓶、50 mL 量筒、100 mL 和 250 mL 的锥形瓶和烧杯等。

五、实验内容

1. 勾兑酱油及酱油发酵程度的鉴定

准备一个干净的 100 mL 容量瓶，用量筒取 10 mL 市售酱油倒入其中，再加入 40 mL 95%乙醇，盖上塞子，充分振摇。观察瓶内混合液体，若溶液仍然澄清透明且没有沉淀物，可能为勾兑劣质酱油；若溶液出现较多沉淀物，则为没有发酵完全的酱油；若溶液颜色均匀并且容量瓶壁上有明显的粘连物即为优质酱油。

2. 勾兑食醋的鉴别

市场上的假食醋通常是用冰醋酸兑制而成，开瓶即有刺激性气味，口尝无香味，而有刺激性酸味；可于 50 mL 烧杯中加入 10 mL 待测食醋，加少许高锰酸钾粉末（或稀高锰酸钾溶液），摇匀，如不褪色，疑为勾兑醋。

3. 掺假食醋的鉴别

食醋中掺假一般是加入盐酸、硝酸、硫酸等矿物质酸。量筒量取被检测食醋 10 mL 放置于 50 mL 烧杯中，加入 5 mL 蒸馏水，混合均匀（若被检食醋颜色较深，可先用活性炭脱色处理），沿烧杯壁滴加 3 滴浓度为 0.01%的甲基紫溶液，振摇，若颜色由紫色变为绿色或蓝色，则表明有游离矿酸（硫酸、硝酸、盐酸、硼酸等）存在。

4. 染色食材鉴别

将怀疑为染色的食材（黑米、黑木耳、小米、花椒等）浸泡于清水中，必要时揉搓以助色素溶解；过滤浸泡液；取少量的浸泡液，滴入食醋或食用碱溶液（或加入少量食用碱固体，振摇溶解），如溶液颜色改变，即可怀疑食材经过染色。

黑米也可用下述方法鉴别：从购买的黑米中选取颗粒饱满的、大颗的十余粒，并列放在盘子中，将酸度约在 9 度的白醋滴在黑米上，待 3～5 min 后观察，若黑米周围的白醋呈紫红色则是未被染色的黑米，若白醋未变色则是被染色的假黑米。

5. 蜂蜜真伪鉴别

取干净的 100 mL 锥形瓶，滴一点蜂蜜在里边，加一滴碘酒，再加一些水，振摇，观察颜色，假蜂蜜的颜色深，真蜂蜜的颜色浅。有些假蜂蜜甚至可能变为深红色或紫色。

方法扩展：闻有花香，是真蜂蜜，没有花香的可能是假蜂蜜；品尝时，给人愉快感觉的为真蜂蜜，如果无味或有怪味为假蜂蜜。

6. 勾兑酒的鉴别

1）加水法

于 250 mL 干净的锥形瓶中加入 50 mL 的待测酒样，加 20 mL 清水，摇匀。观察，如果溶液稍有浑浊，则为酿造酒；如果溶液仍然清澈，则为勾兑酒。

2）加碱法

于 250 mL 干净的锥形瓶中加入 100 mL 的待测酒样，加 2 g NaOH 固体，小心加热煮沸 10 min。观察，如果溶液变黄，则为酿造酒；如果溶液颜色不变，则为勾兑酒。

六、思考题

(1)应用已有的知识，提出对于染色食材，还可用什么方法进行鉴别。

(2)试说明用甲基紫鉴别矿物质酸的原理。

七、参考文献

成黎. 2008. 中国食品安全现状与发展综述及改善措施初探. 食品工业科技，29(10)：229-232.

刘浩宇. 2008. 酱油发展现状与安全性分析. 北京城市学院学报，(4)：91-95.

刘珂. 2010. 浅谈我国食醋的功能及发展趋势. 中国调味品，35(6)：32-34，39.

夏邦旗. 1993. 几种食品掺假快速鉴别方法. 陕西粮油科技，18(56)：32-33.

朱永红，赵博，肖昭竞. 2012. 食醋掺假检验方法研究进展. 中国调味品，37(4)：94-99.

实验 17

气泡与食品

一、背景资料

食物是指能够借进食或饮用为人类或其他生物提供营养或愉悦的物质。确切来说，食物是能够满足机体正常生理和生化能量需求，并能延续生物正常寿命的物质。

食物的来源可以是植物、动物或者真菌等，其中主要包含的营养物质有糖、蛋白质、脂肪、维生素、无机盐和水等。糖、脂肪和蛋白质能为机体提供能量，也被称为“产热营养素”。糖的主要来源是谷类和薯类，这些物质能迅速为机体提供可以被消耗的能量；脂肪是动植物油脂、奶油等食材中的主要成分，也是机体能量的储存者和提供者，同时还是生物体重要的构成物质；蛋白质的主要来源是瘦肉、鱼、奶、蛋和豆类，是人和动物体生长发育、组织更新和修复的重要原料。维生素在体内既不是构成组织的原料，也不是能量的来源，但却是维持机体正常生理功能所必需的一类微量有机物，参与机体代谢的调节。无机盐在机体中含量很低，却作为组织和细胞的重要结构组成，并参与机体的新陈代谢。

人类食物的形式各种各样、千变万化，而且在持续地创新，新类型的食品层出不穷。其中气泡类食品是一类既传统又时尚，为广大消费者喜欢的食品。气泡类食品有不同类型：一类是包含空气的气泡类食品，如啤酒、冰淇淋、鸡蛋羹等，这类食品是在加工过程中使用搅打、鼓气等方式或在一类被称为起泡剂的物质的辅助下，人为地在食品中形成以空气为介质的气泡；另外一类则是利用一些菌类在发酵过程中生成的气体在食品中形成气泡，使加工好的食品松软爽口，如面包、馒头(图 17-1)等。人们最常用的形成气泡食品的菌类就是酵母菌。

图 17-1　面包及馒头

酵母菌(图 17-2)是一类单细胞真菌，属于兼性厌氧菌，是人类文明史中被应用得最早的微生物。细胞宽度 2～6 μm，长度 5～30 μm，有的则更长，个体形态有球状、卵圆状、椭圆状、柱状和香肠状等。细胞结构由细胞壁、细胞膜、细胞核、细胞质等组成。

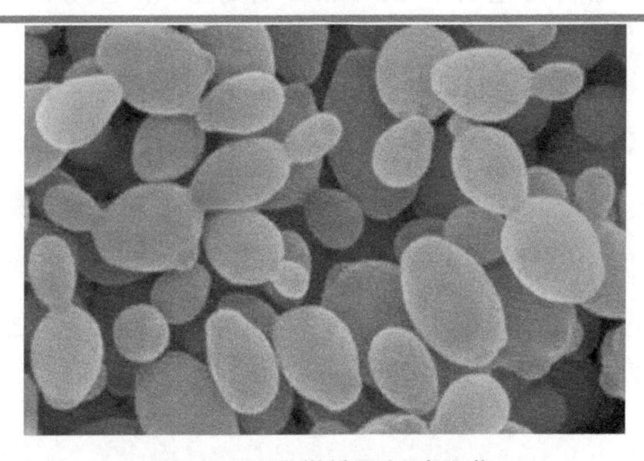

图 17-2　显微镜下的酵母菌

现在已知酵母菌有 1000 多种，根据有无产生孢子(子囊孢子和担孢子)的能力，可将其分成三类：形成孢子的株系属于子囊菌和担子菌；不形成孢子但能通过出芽生殖等方式来繁殖的称为不完全真菌，或者叫“假酵母”(类酵母)。酵母菌在自然界分布广泛，主要生长在偏酸性、潮湿的含糖环境中，在 pH 为 3.0～7.5 的范围内生长，最适 pH 为 4.5～5.0；酵母菌最适生长温度一般在 20～30 ℃，在低于 0 ℃或者高于 47 ℃的温度下则不能生长。通常食品上应用的酵母菌分鲜酵母和干酵母两种，作为可食用的、营养丰富的单细胞生物，营养学上它也被称为“取之不尽的营养源”。除了蛋白质、糖、脂类以外，酵母菌还富含多种维生素、矿物质和酶类。有实验证明，每 1 kg 干酵母所含的蛋白质，相当于 5 kg 大米、2 kg 大豆或 2.5 kg 猪肉的蛋白质含量。据研究表明，馒头、面包中所含的营养成分比饼子、面条要高出 3～4 倍，蛋白质增加近 2 倍。

二、实验目的

(1)了解食物的营养组成及气泡食品的类型;

(2)熟悉显微镜下酵母菌的形态;

(3)掌握酵母菌发酵的机理;

(4)了解酵母菌生长和发酵所需的条件,观察酵母菌的产气现象并理解其在食品制作中的作用。

三、实验原理

酵母菌的代谢类型为异养兼性厌氧型。在发酵初期,进行有氧呼吸,每消耗 1 mol 葡萄糖,可以产生 6 mol 二氧化碳;但随着反应的进行,无新鲜空气补充时,氧气消耗殆尽,酵母菌代谢转为无氧呼吸,1 mol 葡萄糖只产生 2 mol 二氧化碳,气体产生量减少。

有氧呼吸:

$$C_6H_{12}O_6+6O_2+6H_2O \longrightarrow 6CO_2+12H_2O+\text{能量}$$

无氧呼吸:

$$C_6H_{12}O_6 \longrightarrow 2C_2H_5OH+2CO_2+\text{能量}$$

在酿酒过程中,乙醇被保留下来作为主要成分;而在烤面包或蒸馒头时,则主要利用二氧化碳将面团发起。

四、实验器材

干酵母菌粉、葡萄糖;

缓冲液(pH=4.6):93.5 mL 的 0.2 mol/L $NaHPO_4$ 溶液与 106.5 mL 的 0.1 mol/L 柠檬酸溶液混合均匀;

500 mL 细口玻璃瓶或塑料瓶、药勺、小气球、滴管、量筒、载玻片、称量纸、记号笔、橡皮筋等;

显微镜、恒温水浴锅、天平。

五、实验内容

(1)将 2 个 500 mL 细口玻璃(或塑料)瓶分别标记为 A 和 B,然后各加入 pH 为

4.6 的缓冲液 200 mL，放入预先加热到 30 ℃的恒温水浴中，平衡 15 min；

(2) 在 A 瓶中加入葡萄糖 20 g，轻轻振荡直至葡萄糖完全溶解；

(3) 在 A、B 两瓶中各加入干酵母菌粉 20 g，轻轻振荡使菌粉完全混悬于溶液中；

(4) 恒温水浴保温 5 min 后，分别用一洁净的滴管快速从两个瓶子中取少许混悬液，在两个载玻片上各滴加一滴，标记后盖上盖玻片，于显微镜下观察菌体形态并绘图；

(5) 在 A、B 两瓶口上各套一个小气球，扎紧后恒温孵育，观察实验现象并记录在表 17-1 中。

表 17-1　实验现象记录表

孵育时间	A 瓶	B 瓶
5 min		
10 min		
20 min		
30 min		
60 min		

六、思考题

(1) 实验中为什么要用缓冲液并控制温度？

(2) 产生气体的瓶子里发生了什么？试分析原因。

(3) 实验中，酵母菌进行的是有氧呼吸还是无氧呼吸？

七、参考文献

安东内拉 · 梅亚尼，皮埃尔 · 乔治 · 奇特里奥. 2014. 玩出来的科学家：随手能做的 194 个实验. 孙阳雨，文玉婷，译. 北京：中信出版社：198-220.

孙万儒. 2007. 酵母菌. 生物学通报，42(11)：5-10.

杨清香，王哲. 2009. 酵母菌在自然界中的生态分布及功能. 环境科学与技术，32(4)：86-91.

实验 18

辨色识味

一、背景资料

色、香、味是食品重要的外部属性，既对人们的饮食偏好有重要的作用，也往往体现了食品内在营养、加工处理的优劣。色、香、味的本质是食品中特定的化学成分体现出来的基本性质。

色即外观颜色，面包的焦黄、馒头的雪白、红烧肉的鲜红都是食品的颜色。为什么不同的食品显示不同的颜色？从原理上讲，自然光都是复合光，即由赤橙黄绿青蓝紫各种颜色的光线复合而成；当自然光照射食品时，食品对自然光产生部分吸收，而将不吸收的那部分光透射或反射出来，复合光(白色)中的一部分光消失，剩下的自然就显示一定的颜色了。不同的食品有不同的颜色，其原因是所含成分不同，对不同光线吸收的能力也就不一样了。而食品中能够吸收光线的成分，有些是食品中固有的成分，如西红柿中的番茄红素、胡萝卜中的胡萝卜素等，有些则是在食品加工、储藏中发生化学反应形成的，如苹果切开后切面的变色、做红烧肉时焦糖色的制备等。由于反应导致食品显示一定的颜色，有些是人们需要的，如烤面包、烤肉，有些是需要避免的，如苹果切面的颜色变化等。食品的颜色是通过人的视觉系统，也就是眼睛感受的。

香是食品中易挥发性成分通过人的鼻腔感受出来的，如苹果香、烤肉香、芹菜香、香油香等；同样的，香成分有些是食品固有的，有些则是加工中由于化学反应而产生的。食品的香气成分是非常复杂的，如研究发现，炒芹菜香气中，有 300 多种物质成分，在这些成分中，有些对于特征香型发挥决定性作用，有些对于特征香型的形成起辅助作用，而大多数成分只是起基础性作用。由于食品的香气是食品中挥发性成分形成的，所以有香气的食品必然会产生分子流，这种分子流是气体的流动，必然就有一定的压力和能量。

味是由食品中所含的呈味物质形成的。如咸味是食品中含有一些易溶性碱金属盐(NaCl、KCl)形成的；酸味是由可解离出质子(H^+)的有机或无机酸性物质(醋酸、乳酸、柠檬酸、盐酸等)形成的；辣味是由食品材料或辅材中所含辣味成分(辣椒中的辣椒素、胡椒中的胡椒碱、生姜中的姜醇等)形成的；甜味是由甜味成分(蔗糖、葡萄糖、甜蜜素等)形成的；同样的道理，食品中也有一些成分导致食品具有苦味，如柑橘中的橙皮苷、咖啡中的咖啡因、啤酒中的 α-酸和 β-酸(酒花所含成分的衍生物)，都是一些苦味的物质，但它们均可让食品具有特征性的苦味，广受现代消费者的青睐。食品的味感是在人的口腔中产生的，舌头是口腔中主要的味感器官，酸、甜、苦、咸四种味感均通过舌面上的味蕾组织形成并上传至大脑；这四种味感组织分布在舌面的不同位置，甜味味蕾分布于舌面最前端，咸味味蕾和甜味味蕾的分布区域较为接近，但偏舌头前半部的两侧，酸味味蕾主要分布于舌后半部的两侧，而苦味味蕾集中分布于舌根部位。辣味的感受器官不是舌面，而是通过口腔黏膜上的蛋白质发挥作用。

需要强调的是，舌头只能区分四种基本味道：甜味、咸味、酸味和苦味。实际上，我们吃到的食物有非常多种味道。这是因为幸亏有了嗅觉的参与，我们才能识别其他无数多种味道。在我们吃东西的时候，味觉和嗅觉是一起工作的，它们会对接触到的物质的微小粒子(分子)进行分析，产生“化学”感受。舌头会在舌乳头内部进行这种分析，鼻子则利用鼻腔中一个较高的部位(这个部位与眼睛同高)进行分析。鼻腔中这个部位里面有非常多的嗅觉细胞和可以锁住气味分子的纤毛，它们与气味接触时会引起化学反应，接着产生神经冲动直达大脑，最终由大脑完成分析气味的工作。鼻腔通过咽部与口腔相连，我们咀嚼食物的时候，一些气味分子会通过咽部上升到鼻腔的嗅觉细胞处，被嗅觉细胞分析。最终，我们就可以品尝到食物的全部味道了。

总之，食品的色、香、味是通过人不同的感觉器官获得的，这样的感觉通道是唯一的、不可替代的。也就是说，当人们蒙住眼睛时，就不能分辨食品的颜色(对其他物体也一样)；捂住鼻子就难以确定食品的香；不用嘴巴就难以辨别食品的味道。

二、实验目的

(1) 掌握食品变色及避免变色的基本道理及简单的加工技术；

(2) 了解鼻子与食品香的关系及内在原因；

(3) 理解食品香的本质属性及特性。

三、实验原理

苹果被切开后，切面会很快变成不好看的棕褐色，影响人们的食欲。这种现象的本质是什么呢？原来在许多水果中，都含有被称作多酚的一类天然物质和被称作多酚氧化酶的催化剂；当水果被切开，切口接触到空气时，其中的多酚氧化酶就会催化多酚类物质与空气中的氧反应，产生一些深褐色的物质，这就是水果切开或削皮后发生的现象。如何避免此现象呢？既然水果的褐变是一个化学反应过程，那么化学反应与条件有关，改变条件就会降低反应速度或抑制反应的进行。所以在低温下进行水果加工或用柠檬汁覆盖切面，都有利于水果切面保持新鲜。低温可以降低反应速度，酸性可以抑制褐变反应的发生。

对不同的食品做出鉴别，往往要通过色、香、味等外部特征的综合判断，也就是要通过眼睛、鼻子和嘴巴等视觉、嗅觉、味觉器官联合去进行感觉才能得出准确结论。如果在鉴定的过程中缺了某一个环节，往往会得出不正确的结论。

洋葱切开后，会产生一股刺鼻的气味，原因是当洋葱的组织细胞受损时，其中所含的风味酶被释放，与细胞质中的香味前体物质结合，催化形成挥发性刺激物。此物质中主要的刺激物为含硫化合物，如烯丙基硫醇 $CH_2=CH—CH_2SH$ 等。由于洋葱的挥发物非常刺鼻，因而是一股比较强的分子流，有一定的冲击力和压力，可以对一些细小、轻薄的物质产生比较明显的影响，借此可以认识食品的气味也是物质。

四、实验器材

柠檬、苹果、黄瓜、西红柿、洋葱、梨和葡萄；

培养皿(20 cm)、水果刀、汤勺和滑石粉；

榨汁机、粉碎机、眼罩或黑布、计时器(手表、手机均可)和鼻夹。

五、实验内容

1．苹果变色及防止

(1)用榨汁机制备柠檬汁约 50 mL 备用；

(2)将一个苹果切成 4 块，开始计时；

(3)将其中一块苹果放在第一个培养皿中，标为 1 号，放在实验台上；

(4)将另外一块苹果放在第二个培养皿中，标为 2 号，放入冰箱冷藏室(0～4 ℃)；

(5)将第三块苹果放在第三个培养皿中，浇上 20 mL 左右的柠檬汁，标为 3 号，放在实验台上；

(6)将第四块苹果放在第四个培养皿中，浇上 20 mL 左右的柠檬汁，标为 4 号，放入冰箱冷藏室；

(7)持续观察，按要求将实验现象记入表 18-1 中，解释实验现象。

表 18-1 苹果切口变色及防止实验现象记录表

样品	1 号	2 号	3 号	4 号
10 min				
20 min				
30 min				
60 min				
90 min				

2．嘴巴能否完全鉴别不同的水果？

要求：两个实验小组四人合作完成此实验。

(1)将黄瓜、苹果、梨、西红柿、葡萄分别放入粉碎机粉碎搅匀，放入培养皿中并标记为 1～5 号。

(2)将一个人的眼睛用眼罩或黑布蒙住，并用鼻夹将鼻子夹住，分别品尝五个培养皿中的水果并说出名称(顺序可变)，将回答结果记入表格(表 18-2)；随后将鼻夹去掉，再次分别品尝五个培养皿中的水果并说出名称，将回答结果记录在表格(表 18-2)中；注意，每次品尝完一种水果后，可以吃一小块面包或喝一点水去掉原来的味道，防止上一次的水果味道对下一次水果品尝有干扰。

(3)4 个人轮换实验，统计结果并讨论相互的差别及原因。

表 18-2 水果鉴别实验结果

编号	1 号(黄瓜)	2 号(苹果)	3 号(梨)	4 号(西红柿)	5 号(葡萄)
同学甲					
同学乙					
同学丙					
同学丁					

3．能看见气味吗？

(1)将一个培养皿洗干净，在其中倒入一些清水，刚好能将底面覆盖住即可。

(2)在水中撒一些滑石粉，注意滑石粉要尽量少，能明显看见即可。

(3)用刀子切一片洋葱，立即拿起洋葱片靠近培养皿中的水面，观察水中滑石粉的变化；考虑产生此变化的原因。

六、思考题

(1)谈谈对食品香味是物质的认识。

(2)通过本实验，你认识了食品的香和味都是物质，那么你如何认识食品的色呢？

(3)举一些由于加工导致食品颜色发生改变的例子，并尽可能解释其原因。

七、参考文献

阚建全，段玉峰，姜发堂. 2009. 食品化学. 北京：中国计量出版社.

莉娜·斯卡尔佩利尼. 2013. 趣味科普：食物实验室. 马超麟，译. 郑州：海燕出版社：24-25.

彭秧锡，彭建兵. 2002. 食品的色香味与化学分子结构. 食品研究与开发，23(4)：10-13.

纸上魔方. 2013. 改变世界的人体实验. 郑州：海燕出版社：31-33，37-39.

实验 19

掺假牛奶的快速鉴别

一、背景资料

牛奶被称作完全营养食物，是日常生活中最常见的营养物质，也是人们补充营养的最好选择。每 100 g 牛奶含水分 87 g，蛋白质 3.3 g，脂肪 4 g，碳水化合物 5 g，钙 120 mg，磷 93 mg，铁 0.2 mg，维生素 A 140 IU（国际单位），维生素 B_1 0.04 mg，维生素 B_2 0.13 mg，烟酸 0.2 mg，维生素 C 1 mg，可供热量 69 kcal（1 kcal=4 184 J）。牛奶中的蛋白质主要是酪蛋白、白蛋白、球蛋白、乳蛋白等，所含的 20 多种氨基酸中有人体必需的 8 种氨基酸，奶蛋白质是全价的蛋白质，它的消化率高达 98%。牛奶中的脂肪球颗粒很小，所以喝起来口感细腻，极易消化。此外，脂肪中还含有人体必需的脂肪酸和磷脂，营养价值很高，而且消化率也在 95%以上。牛奶中的矿物质和微量元素都是溶解状态，而且各种矿物质的含量比例，特别是钙、磷的比例比较合适，很容易消化吸收。

牛奶中的营养成分是其他食品无法比拟的，正因如此，国际上将 5 月的第三个星期二定为“国际牛奶日”。随着市场对牛奶的需求量越来越大，掺假牛奶的销售也愈演愈烈。正常牛奶为乳白色或稍带微黄色，具有新鲜牛乳固有的香味和适度的黏性，无沉淀。而掺假牛奶则会在物理性质及化学组成方面与真正牛奶存在一定的区别。因此，掌握一些快速有效的方法来鉴别掺假牛奶，一方面可以增强自我保护、维护消费者权益的意识和能力，另一方面也会在规范市场行为等方面起到积极作用。

二、实验目的

（1）了解牛奶的主要营养成分；

(2)掌握快速鉴别掺假牛奶的方法。

三、实验原理

1. 掺水牛奶的鉴别

20 ℃时，正常牛奶的密度为 1.028～1.033 g/mL，而加水后，牛奶的密度就会降低。实验证明，牛奶中每加入 10%的水，密度就会降低 0.0029 g/mL。因此，可以用测密度的方法识别掺水牛奶。

2. 掺豆浆牛奶的鉴别

豆浆中含有皂素，皂素可溶于热水或热酒精，并可与强碱生成黄色物质，借此可鉴别豆浆的存在。

3. 掺淀粉牛奶的鉴别

淀粉具有遇碘液变蓝紫色的特性，因而可以用碘液来检测牛奶中淀粉的存在。

4. 掺食盐牛奶的鉴别

为了防止牛奶变质，一些牛奶生产企业常会在牛奶中掺加一定量的食盐，正常牛奶在硝酸银与重铬酸钾溶液中会呈现红色反应，而当牛奶中掺加了食盐，由于氯离子超标，会生成氯化银沉淀，从而呈现黄色。

5. 牛奶新鲜度的鉴别

牛奶中的细菌繁殖很快，容易产酸，可根据蛋白质在酸性条件下遇到酒精凝固的特点来判断其新鲜度。

四、实验器材

电热套、试管、试管架、试管夹、洗瓶、漏斗、密度计和滤纸。

碘、0.1 mol/L $AgNO_3$、0.1 mol/L $K_2Cr_2O_7$、95%乙醇、乙醚和牛奶。

五、实验内容

(1)掺水牛奶的鉴别：取 10 mL 牛奶倒入试管中，将密度计放入牛奶中静置 2 min 后读取数值，若密度低于 1.028 g/mL，则可断定牛奶为掺水牛奶。

(2) 掺豆浆牛奶的鉴别：取 10 mL 牛奶于试管中，加入 95%乙醇和乙醚(体积比 1∶1)混合液 1.5 mL，摇匀，加 25%氢氧化钾溶液 0.5 mL，摇匀，呈微黄色说明有豆浆，呈暗白色则说明没有豆浆。

(3) 掺淀粉牛奶的鉴别：取 1 mL 牛奶于试管中，加热煮沸，冷却后滴加 4 滴碘液(1.3 g 碘和 3.5 g 碘化钾溶于 10 mL 水中)，摇匀，若牛奶呈蓝紫色，说明牛奶中掺入了淀粉。

(4) 掺食盐牛奶的鉴别：于试管中滴入 10 滴 0.1 mol/L $AgNO_3$ 溶液和 5 滴 0.1 mol/L $K_2Cr_2O_7$ 溶液，混合后再加入 1 mL 牛奶，摇匀后观察颜色。若溶液红色消失，变为黄色，则说明牛奶中掺入了食盐。

(5) 牛奶新鲜度的鉴别：取 1 mL 95%乙醇与 1 mL 牛奶混合，如不出现絮片状，即为新鲜的牛奶，如出现絮片状则表示酸度高，不新鲜。

六、思考题

(1) 实验中所用方法的局限性是什么？

(2) 摩尔浓度的意义是什么？

七、参考文献

范丽华. 2002. 掺假牛奶鉴别检验方法探讨. 大众标准化，(10)：29-30.

林芳栋，蒋珍菊，曹蕊. 2011. 牛奶掺假掺杂现状及检测方法的研究进展. 西华大学学报(自然科学版)，30(3)：93-96.

刘国信. 2002. 快速鉴别牛奶掺假. 中国防伪，(10)：65.

第三部分

实 用 技 术

实验 20

不同材料去除室内空气中甲醛效果比较

一、背景资料

甲醛是一种无色、有强烈刺激性气味的气体。易溶于水、醇和醚，通常以水溶液形式存在；自身发生缩聚反应，可得酚醛树脂，常用于木材加工的黏合剂，是室内的主要污染源之一。

甲醛对人类健康具有极大的危害，主要表现在嗅觉异常、过敏、肺功能及免疫功能异常等方面。长期接触低剂量甲醛可引起慢性呼吸道疾病，引起鼻咽癌、结肠癌、脑瘤、细胞核的基因突变，DNA 单链内交联、DNA 与蛋白质交联、妊娠综合征、新生儿染色体异常、白血病、青少年记忆力和智力下降，以及抑制 DNA 损伤的修复等。在所有接触者中，儿童和孕妇对甲醛尤为敏感，危害也就更大。

二、实验目的

(1) 了解甲醛的危害；

(2) 了解甲醛的去除原理；

(3) 比较不同材料对空气中甲醛去除的效果。

三、实验原理

室内空气中去除甲醛等有害气体的常用材料为活性炭(粉末)。活性炭主要是以木炭、各种果壳或优质煤等为原料，经过破碎、过筛、活化、漂洗、烘干和筛选等一系列工序加工制造而成。其净化空气的原理是依靠其发达的孔隙结构和表面积，吸附一些污染物到孔隙中，从而去除空气中的有害物质。

实际生活中也有将一些常见材料，如茶叶渣、柚子皮、洋葱片等放在刚装修完的房间或者用白醋熏蒸整个房间，以达到去除甲醛的目的。本实验通过比较，验证这些材料去除室内空气中甲醛的不同效果。

四、实验器材

甲醛、竹炭、洋葱片、柚子皮、3%双氧水。

电子天平、500 mL 广口瓶(5 个)、甲醛检测试剂盒、美工刀、镊子、量筒、滴管、样品管。

五、实验内容

(1)如图 20-1 所示，在 5 个 500 mL 广口瓶中分别滴入 1 滴甲醛溶液，盖上瓶塞，振荡 5 min。其中一个作为对照。

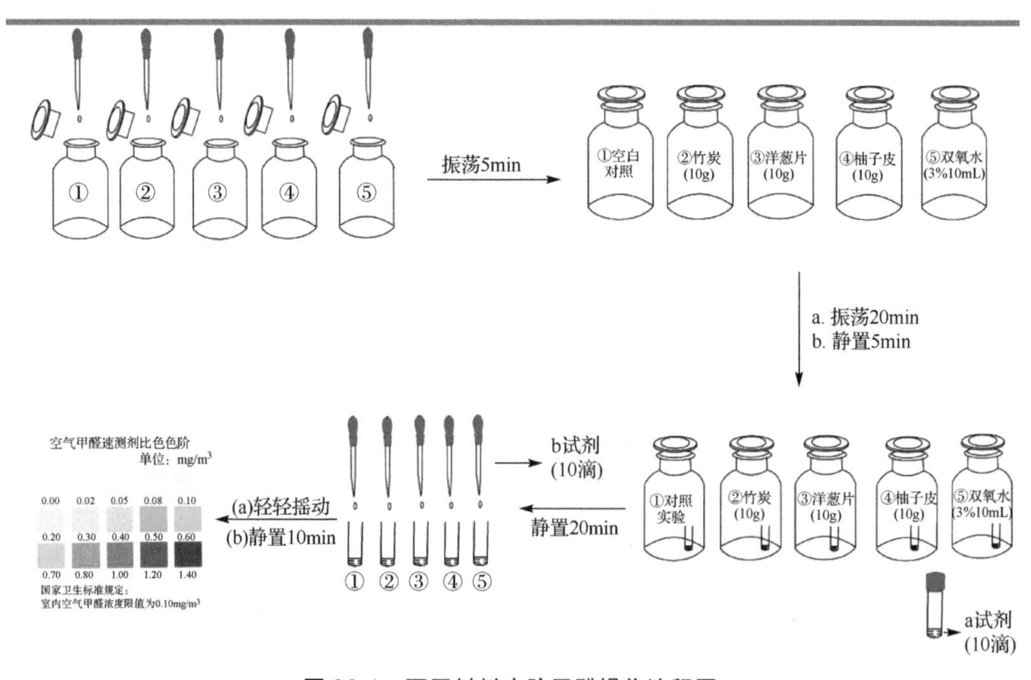

图 20-1 不同材料去除甲醛操作流程图

(2)在天平上称取竹炭、洋葱片、柚子皮各 10 g，将称好的洋葱片和柚子皮用美工刀切成直径 3 mm 左右的颗粒，并用量筒量取 10 mL 3%的双氧水。

(3)将上述四种材料分别迅速放入广口试剂瓶中，盖上盖子后分别振荡 20 min，然后静置 5 min。

(4)取 5 个样品管，分别加入 10 滴甲醛检测试剂盒中的 a 试剂。用镊子将样品管分别放入四个广口瓶中，盖上瓶塞，静置 20 min。

(5)用镊子取出样品管，加入 10 滴甲醛检测试剂盒中的 b 试剂，盖上盖子并轻轻摇动，静置 10 min。与色卡比色，比较不同材料去除甲醛的效果。

六、思考题

(1)竹炭和双氧水去除甲醛的原理有什么不同？

(2)柚子皮、洋葱片去除甲醛的效果如何？

七、参考文献

蔡丽，金国平，孟娟. 2002. 室内空气中和家具内游离甲醛浓度的调查. 卫生毒理学杂志，16(1)：48.

李景舜，赵淑华，邢义，等. 2002. 装修后室内空气甲醛污染研究. 中国卫生工程学，1(3)：136-137.

汪小兰. 2005. 有机化学. 4 版. 北京：高等教育出版社：169-171.

实验 21

空气温度和湿度的测定

一、背景资料

空气的冷暖干湿直接影响我们的日常生活。在夏天一个温度 35℃的中午，在长沙感觉非常闷热难受，而在兰州则感觉并不是那么热，这是为什么呢？原来是两地不同的湿度造成了不同的感受。

表征空气冷热程度的物理量称为气温。气温也是构成一地气候的重要因素，特别是农作物的生长、发育与气温、地温有着密切的关系。气温的差异是造成自然景观和我们生存环境差异的主要因素之一，气温与我们的生活关系非常密切。了解气温的测量原理及方法，有助于认识我们的生活环境。

湿度是表示大气干燥程度的物理量。在一定的温度下，在一定体积的空气里含有的水汽越少，则空气越干燥；水汽越多，则空气越潮湿。空气的干湿程度叫做湿度，常用绝对湿度、相对湿度、比较湿度、混合比、饱和差以及露点等物理量来表示。在日常生活和天气预报中经常提到空气中相对湿度，其定义为

相对湿度百分率=空气实际含水量/相同温度下空气最大含水量

冬天室内相对湿度大时，会加速热传导，使人觉得阴冷和压抑。相对湿度过低时，人会感到口干舌燥，甚至出现咽喉肿痛、声音嘶哑和流鼻血等。人的体感并不单纯受气温或相对湿度两种因素的影响，而是两者综合作用的结果。通过实验测定，最宜人的室内温湿度是：冬天温度为 18～25℃，相对湿度为 30%～80%；夏天温度为 23～28℃，相对湿度为 30%～60%。

二、实验目的

(1) 了解温度和湿度的测量方法；

(2) 观测不同时间、不同地点温度和湿度的变化规律。

三、实验原理

1. 气温的测定原理

天气预报中所说的气温，是在植有草皮的观测场中离地面 1.5 m 高的百叶箱中的温度表上测得的，由于温度表保持了良好的通风性并避免了阳光直接照射，因而具有较好的代表性。

任何物质温度变化都会引起它本身的物理参数与几何形状的改变。利用物质这一特性，确定它与温度间的数量关系，就可以作为测温仪器的感应部分，制成各种各样的温度表。常用的温度表有以水银或酒精为感应液的玻璃液体温度表(图 21-1)。

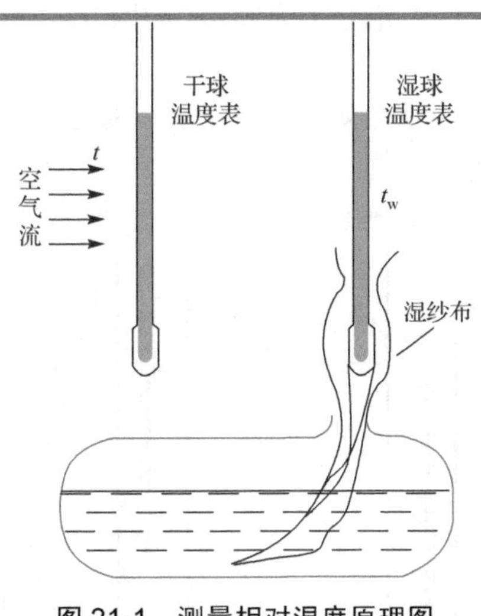

图 21-1　测量相对湿度原理图

2. 湿度的测定原理

空气的相对湿度常用干、湿球温度表测定。

这个方法是用两支相同的温度表，其中一支温度表的球部缠有湿润的纱布，称为湿球温度表；另一支用来测定空气温度，称为干球温度表。在未饱和的空气中，由于湿球纱布上的水分不断蒸发，而蒸发所需要的热量来自湿球本身及流经湿球周围的空气，致使湿球温度下降。结果干、湿球温度示度出现了一个差值。空气湿度愈小，湿球水分蒸发愈快，湿球温度降得愈多，干、湿球温度差值就愈大；反之，湿度愈大，湿球水分蒸发得愈慢，湿球降低得愈少，干、湿球温度差值就愈小(图 21-1)。

四、实验器材

2 个普通温度表、约 10 cm 长的吸水性能良好的干净纱布、干净的空牛奶盒和 2 根橡皮筋。

五、实验内容

(1)把 2 支温度表并排放在一起，过 2 min，比较它们的温度，如两只温度表读数相同，证明温度表性能良好；否则换取新的温度表，直至读数相同。

(2)用小刀从靠近牛奶盒底部的一侧开一个约 2.5 cm 的孔。

(3)把长 10 cm 左右的纱布在蒸馏水中浸湿，然后缠在一支温度表的水银球部，纱布在球部上重叠的部分不得超过球部表面积的四分之一，再用纱线将球的上部和下部做好活扣扎紧。

(4)把缠着纱布的温度表从牛奶盒打开的孔中穿进，然后用 2 根橡皮筋固定，这就是湿球温度表(图 21-2)。

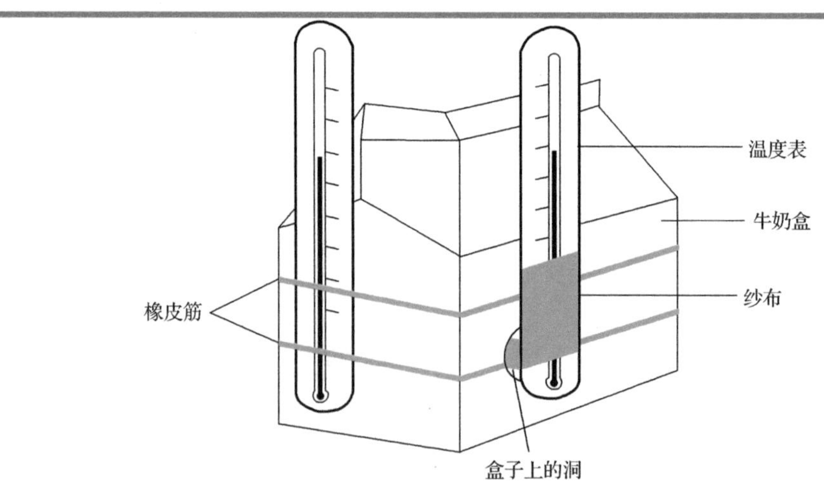

图 21-2　简易温湿度表

(5)把另一支温度表用橡皮筋固定在牛奶盒的一侧，这就是干球温度表。

(6)把干净的水倒进牛奶盒，使其没过纱布，这样可使纱布保持湿润。

(7)观察湿球温度表时，应当用一纸板对其扇动，以促使空气流动。当其示值不再降低时，记录干、湿球显示的温度，同时计算干球温度与湿球温度的差值。把观测和计算数值记录在表 21-1 中。

表 21-1　观测数据登记表

地点	干球温度/℃	湿球温度/℃	干、湿球温度差值/℃	相对湿度/℃
地点 1				
地点 2				
地点 3				
地点 4				
地点 5				

(8)把牛奶盒移动到不同的地方,如水池边、草地上和水泥路面上,重复步骤(7),注意不可让太阳直射牛奶盒。

(9)把表 21-1 不同位置所观测到的干球温度和干、湿球温度差值与表 21-2 中数据对比，找到干球温度和干、湿球温度差值的交叉点，交叉点的数据就是相对湿度。

表 21-2　干、湿通风表湿度对照表

干球温度/℃	干、湿球温度差值/℃															
	0.5	1	1.5	2	2.5	3	3.5	4	4.5	5	5.5	6	6.5	7	7.5	8
35	97	93	90	87	83	80	77	74	71	68	65	63	60	57	55	52
34	96	93	90	86	83	80	77	74	71	68	65	62	59	56	54	51
33	96	93	89	86	83	80	76	73	70	67	64	61	58	56	53	50
32	96	93	89	86	83	79	76	73	70	66	64	61	58	55	52	49
31	96	93	89	86	82	79	75	72	69	66	63	60	57	54	51	48
30	96	92	89	85	82	78	75	72	68	65	62	59	56	53	50	47
29	96	92	89	85	81	78	74	71	68	64	61	58	55	52	49	46
28	96	92	88	85	81	77	74	70	67	64	60	57	54	51	48	45
27	96	92	88	84	81	77	73	70	66	63	60	56	53	50	47	43
26	96	92	88	84	80	76	73	69	66	62	59	55	52	48	46	42
25	96	92	88	84	80	76	72	68	64	61	58	54	51	47	44	41
24	96	91	87	83	79	75	71	68	64	60	57	53	50	46	43	39
23	96	91	87	83	79	75	71	67	63	59	56	52	48	45	41	38
22	95	91	87	82	78	74	70	66	62	58	54	50	47	43	40	36
21	95	91	86	82	78	73	69	65	61	57	53	49	45	42	38	34
20	95	91	86	81	77	73	68	64	60	56	52	58	44	40	36	32
19	95	90	86	81	76	72	67	63	59	54	50	56	42	38	34	30
18	95	90	85	80	76	71	66	62	58	53	49	44	41	36	32	28
17	95	90	85	80	75	70	65	61	56	51	47	43	39	34	30	26
16	95	89	84	79	74	69	64	59	55	50	46	41	37	32	28	23
15	94	89	84	78	73	68	63	58	53	48	44	39	35	30	26	21
14	94	89	83	78	72	67	62	57	52	46	42	37	32	27	23	18

续表

干球温度/℃	干、湿球温度差值/℃															
	0.5	1	1.5	2	2.5	3	3.5	4	4.5	5	5.5	6	6.5	7	7.5	8
13	94	88	83	77	71	66	61	55	50	45	40	34	30	25	20	15
12	94	88	82	76	70	65	59	53	47	43	38	32	27	22	17	12
11	94	87	81	75	69	63	58	52	46	40	36	29	25	19	14	8
10	93	87	81	74	68	62	56	50	44	38	33	27	22	16	11	5
9	93	86	80	73	67	60	54	48	42	36	31	24	18	12	7	1
8	93	86	79	72	66	59	52	46	40	33	27	21	15	9	3	
7	93	85	78	71	64	57	50	44	37	31	24	18	11	5		
6	92	85	77	70	63	55	48	41	34	28	21	13	3			
5	92	84	76	69	61	53	46	36	28	24	16	9				
4	92	83	75	67	59	51	44	36	28	20	12	5				
3	91	83	74	66	57	49	41	33	25	16	7	1				
2	91	82	73	64	55	46	38	29	20	12	1					
1	90	81	72	62	53	43	34	25	16	8						
0	90	80	71	60	51	40	30	21	12	3						

六、思考题

(1)不同地点的气温和湿度有什么不同？试解释一下不同的原因。

(2)当对两支温度计扇风时，哪一支温度计降温快？为什么？

(3)在户外，如果从早到晚每小时测量一次温度和相对湿度，会发现什么现象？

七、参考文献

帕梅拉·沃克，伊莱恩·伍德. 2012. 地球科学实验. 李哲，王伊阳，译. 上海：上海科学技术文献出版社.

周淑贞. 1997. 气象学与气候学. 3版. 北京：高等教育出版社.

实验 22

机械剥离法制备石墨烯

一、背景资料

石墨烯是由碳原子构成的只有一层原子厚度的二维晶体，它的晶格是由六个碳原子围成的六边形，碳原子之间由 σ 键连接，结合方式为 sp^2 杂化，这些 σ 键赋予了石墨烯极其优异的力学性质和结构刚性。每个碳原子都有一个未成键的 p 电子，这些 p 电子可以在晶体中自由移动，赋予其良好的导电性。此外，石墨烯几乎是完全透明的，只吸收 2.3%的光；导热系数高达 5300 W/(m·K)，常温下其电子迁移率超过 15000 $cm^2/(V·s)$，而电阻率只有约 10^{-6} Ω·cm，比铜或银更低，为电阻率最小的材料。

石墨烯被称为新一代的“梦幻材料”，具有非同寻常的导电性能、超出钢铁数十倍的强度和极好的透光性，有望在现代电子科技领域引发一轮革命。根据石墨烯超薄、强度超大的特性，其可以用来制造超轻防弹衣、超薄超轻型飞机材料等；其优异的导电性，使其在微电子领域也具有巨大的应用潜力，其中为人们所熟知的石墨烯聚合材料电池，即“超级电池”，重量也仅为传统电池的一半，但储量却是目前市场上性能最好的电池的三倍。此外，石墨烯有可能会成为硅的替代品，制造超微型晶体管，用来生产未来的超级计算机，碳元素更高的电子迁移率可以使未来的计算机获得更高的速度。作为目前发现的很薄、强度很大、导电导热性能很强的一种新型纳米材料，石墨烯已成为材料、物理、化学等众多领域研究的重点，被称为“黑金”，曾被誉为“新材料之王”，科学家甚至预言石墨烯将“彻底改变 21 世纪”，极有可能掀起一场席卷全球的颠覆性新技术新产业革命。

鳞片石墨为天然显晶质石墨，其片薄且韧性好，物化性能优异，具有良好的导热性、导电性、抗热震性及耐腐蚀性等。2004 年，英国曼彻斯特大学物理学家安德烈·盖姆和康斯坦丁·诺沃肖洛夫利用机械剥离法成功从石墨中分离出石墨烯，证实它可以单独存在，两人也因此共同获得2010年诺贝尔物理学奖。本实验所用的鳞片石墨镶嵌在白云石矿中，分离出的鳞片石墨较大，在扫描电子显微镜下观察，其具有表面平整、层状结构规整及纯度高等特点(图22-1)。由于其较大的尺寸以及规整的层状结构，所以容易采用机械剥离法得到大尺寸的石墨烯。

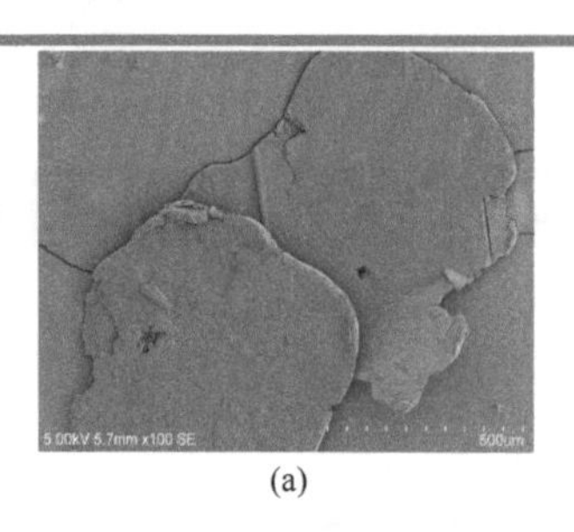

(a)

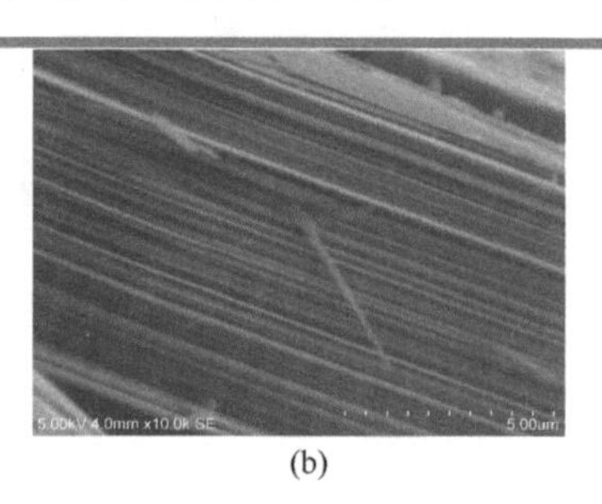

(b)

图 22-1 鳞片石墨表面扫描电镜图(a)和鳞片石墨横截面扫描电镜图(b)

二、实验目的

(1)了解石墨烯的结构、性质及用途；

(2)掌握机械剥离法制备石墨烯的方法。

三、实验原理

石墨为层状结构，层与层之间相隔约 0.34 nm，距离较大，以范德瓦耳斯力结合起来。通过计算表明，在石墨晶体中相邻两层石墨烯之间的范德瓦尔斯力约为 2 eV/nm^2，当胶带的黏力对石墨表面进行撕揭作用时，层与层之间易发生滑动、分离，不断重复该动作，即可制备层数较少的石墨烯材料。

四、实验器材

3 M胶带、镊子、光学显微镜和载玻片、鳞片石墨。

五、实验内容

(1)撕取 15 cm 的 3 M胶带，胶面朝上平放在实验台上。

(2)用镊子夹取一片鳞片石墨置于胶带中间。

(3) 使胶带粘连撕揭鳞片石墨，反复撕揭 10 次，将胶带黏附在载玻片上。

(4) 将显微镜低倍物镜对准通光孔(物镜的前端与载物台要保持 2 cm 的距离)。

(5) 将载玻片粘有胶带的一面朝下平放在显微镜的载物台上，用压片夹夹住，使所观察的目标物正对通光孔的中心。

(6) 转动粗准焦螺旋，使镜筒缓缓下降，直到物镜接近玻片目标物为止(眼睛看着物镜，以免物镜碰到玻片目标物)。

(7) 左眼向目镜内看，同时反方向转动粗准焦螺旋，使镜筒缓缓上升，直到看清物像为止；再略微转动细准焦螺旋，使看到的物象更加清晰。

(8) 左右调节载玻片的位置，观察是否有近似透明的薄片，即为石墨烯(单层石墨烯表面会出现皱褶)；若没有观察到石墨烯，重复步骤(3)，直至剥离出石墨烯为止。

(9) 实验完毕，将载玻片上的胶带撕下，清洗干净载玻片。把显微镜的外表擦拭干净，转动转换器，把两个物镜偏到两旁，并将镜筒缓缓下降到最低处，放回原位。

六、思考题

(1) 机械剥离法制备石墨烯的优缺点是什么？

(2) 如何判断得到的石墨烯的层数？

七、参考文献

黄仁和，王力. 2005. 纳米石墨烯薄片及聚合物/石墨纳米复合材料制备与功能特征研究. 功能材料，36(1)：6-10，14.

Novoselov K S, Geim A K, Morozov S V, et al. 2004. Electric field effect in atomically thin carbon films. Science, 306(5696)：666-669.

Vivekchand S R C, Rout C S, Subrahmanyam K S, et al. 2008. Graphene-based electrochemical supercapacitors. Journal of Chemistry Science，120(1)：9-13.

实验 23

显微镜的使用与草履虫的观察

一、背景资料

1. 草履虫

草履虫(图 23-1)是一种身体很小、圆筒状的原生动物，雌雄同体，看上去身体形状就像一只倒置的草鞋底而得名。我国常见种中的大草履虫也叫尾草履虫，体长只有 180～280 μm，机体结构需要借助显微镜才能观察。草履虫的体表覆有一层膜，膜上长着许多纤毛，借助纤毛的摆动，草履虫能够在水里运动。草履虫身体一侧有一条凹入的小沟，叫“口沟”，相当于草履虫的“嘴巴”。口沟内长有密长的纤毛，纤毛摆动时能够将水中的细菌和有机颗粒送入口沟，在胞咽末端形成一个小泡，当

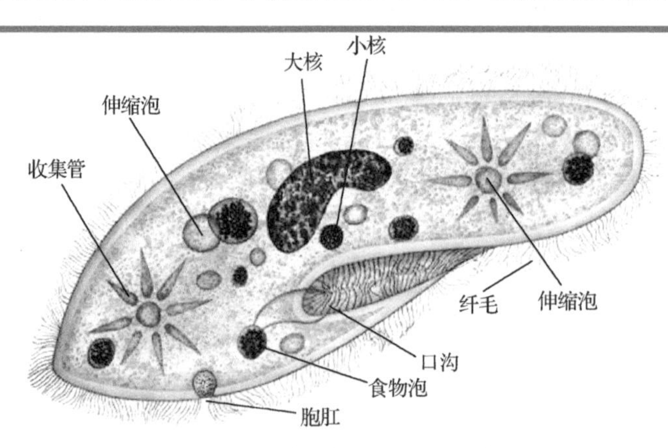

图 23-1　草履虫形态显微示意图

小泡胀大到一定程度时，就落入细胞质内成为食物泡，在胞内消化吸收后，剩余的残渣从一个叫胞肛的小孔中排出。草履虫靠体表的外膜吸收水里的氧气，排出二氧化碳和其他含氮废物。常见的草履虫具有两个细胞核，大核主要对营养代谢起作用，小核主要与生殖作用有关。

草履虫细胞器的功能分工如下。

口沟：摄食。

表膜：摄入氧、排出二氧化碳。

小核：内含遗传物质，生殖作用。

大核：控制营养代谢。

食物泡：是草履虫进行胞吞作用产生的，进入细胞后与初级溶酶体融合形成次级溶酶体。食物泡随着细胞质流动，其中的食物逐渐被消化。

伸缩泡及收集管：收集代谢废物和多余的水分，并排出体外。

胞肛：排出不能消化的食物残渣。

纤毛：辅助运动，草履虫靠纤毛的摆动在水中旋转前进，纤毛还可帮助口沟摄食。

2. 普通光学显微镜的构造

现代普通光学显微镜利用目镜和物镜两组透镜系统来放大成像，故又被称为复式显微镜，由机械、照明和光学三大部分组成(图 23-2)。

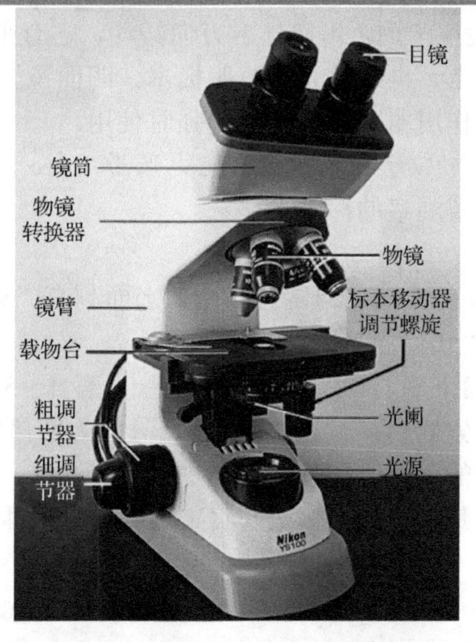

图 23-2　普通光学显微镜构造

1) 机械部分

(1) 镜座：显微镜的底座，用以支撑整个镜体。

(2) 镜柱：镜座上面直立的部分，用以连接镜座和镜臂。

(3) 镜臂：一端连于镜柱，一端连于镜筒，是取放显微镜时的手握部位。

(4) 镜筒：连在镜臂的前上方，上端装有目镜，下端装有物镜转换器。

(5) 物镜转换器：接于棱镜壳的下方，可自由转动，盘上有 4～5 个圆孔，是安装物镜的部位。转动转换器，可以调换不同倍数的物镜头。

(6) 载物台：位于物镜转换器下方，用于放置玻片标本。中央有一通光孔，台上装有标本移动器，推进器左侧有弹簧夹，可夹持玻片标本，台下有标本移动器调节螺旋，可使玻片标本作左右、前后方向的移动。

(7) 调节器：装在镜柱上的大、小两种螺旋，调节时使载物台作上下方向的移动。

(a) 粗调节器：大螺旋，移动时可使载物台作快速和较大幅度的升降，通常在使用低倍镜时，先用粗调节器迅速找到物像。

(b) 细调节器：小螺旋，移动时可使载物台缓慢地升降，多在运用高倍镜时使用，以得到更清晰的物像，并借以观察标本不同层次和深度的结构。

2) 照明部分

包括照明光源、反光镜和集光器。

(1) 照明光源：可分为天然光源和人工光源两类。人工光源常用的是卤素灯和 LED 灯，安装在镜座内。

(2) 反光镜：装在镜座上面，可向任意方向转动，它有平、凹两面，其作用是将光源光线反射到聚光器上，再经通光孔照明标本。凹面镜聚光作用强，适于光线较弱时使用；平面镜聚光作用弱，适于光线较强时使用。

(3) 集光器(聚光器)：位于载物台下方的集光器架上，由聚光镜和光圈组成，其作用是把光线集中到所要观察的标本上。

3) 光学部分

(1) 目镜：装在镜筒的上端，通常有 2 个，上面刻有“5×”“10×”或“15×”符号以表示其放大倍数，“10×”目镜使用较多。

(2) 物镜：装在镜筒下端的物镜转换器上，一般有 4～5 个物镜头，其中最短的刻有“4×”符号的为搜索物镜，刻有“10×”符号的为低倍镜，较长的刻有“40×”符号的为高倍镜，最长的刻有“100×”符号的为油镜。

显微镜的放大倍数是物镜放大倍数与目镜放大倍数的乘积，如物镜放大倍数为 10，目镜放大倍数也为 10，放大倍数即 10×10=100。

二、实验目的

(1) 观察显微镜的构造，掌握显微镜的操作方法；

(2)通过对草履虫形态结构、运动和生理活动的观察，认识和理解原生动物的单个细胞是一个完整的能独立生活的动物有机体，并学会观察和探索动物的应激性。

三、实验原理

作为单细胞的原生动物，草履虫的一个显著特点就是小，必须借助显微镜才能观察到其个体形态和细胞结构。熟悉显微镜并掌握操作技术是研究草履虫必不可少的手段。

在目镜保持不变的情况下，使用不同放大倍数的物镜所能达到的分辨率及放大率是不同的。一般情况下，进行显微观察时应遵循从低倍镜到高倍镜的观察顺序。

1. 观察前的准备

(1)取镜和放置：一般显微镜平时都存放在实验台柜内。取出时，须右手紧握镜臂，左手托住镜座底部，将显微镜放在前方的实验台上，镜座距桌边 5～10 cm 为宜，便于坐着操作。

(2)光源调节：安装在镜座内的光源灯可通过调节获得适当的照明亮度。

(3)目镜调节：依据个人瞳孔距离，调节目镜间距至适宜大小。

2. 显微观察

1)低倍镜观察

将载玻片标本置于载物台上，有盖玻片的一面朝上，用标本夹固定标本，移动推进器使所要观察的部位处于物镜头的正下方。逆时针转动粗调节器，将载物台缓慢上升使标本尽量靠近物镜头。此时需要特别注意的是，人眼一定要从载物台侧面注视，以免上升过度，造成镜头或标本片的损坏。然后将双眼置于目镜上观察，顺时针方向徐徐转动粗调节器，使载物台缓慢下降，直至标本在视野中形成初步的像，再通过调节细调节器使图像清晰。移动标本移动器调整样品位置，认真观察标本各部位，找到合适的目的物，仔细观察并记录结果。

2)高倍镜观察

在低倍镜下找到合适的观察目标后将其移至视野中央，轻轻转动物镜转换器把高倍镜移至工作位置。由于低倍镜和高倍镜镜头具有同焦性，此时视野中已出现了模糊的物像，将聚光器光圈及视野亮度进行适当调节后，再微调细调节器就可使图像清晰。利用标本移动器移动标本，仔细观察寻找最佳观察对象，并记录所观察到的结果。

3. 显微镜用毕后的处理

转动物镜转换器使镜头离开工作位置，下降载物台，取下载玻片，用擦镜纸擦拭干净镜头后下降聚光器(但不要接触到反光镜)，盖上显微镜外罩，将显微镜放回实验台柜内。最后填写使用登记表。

四、实验器材

普通光学显微镜；

草履虫培养液、蓝黑墨水、洋红粉末和蒸馏水；

吸管、镊子、载玻片、盖玻片、牙签、棉花、吸水纸和擦镜纸等。

五、实验内容

1．草履虫的采集和培养

1)采集

草履虫以细菌和单细胞藻类为食，喜欢生活在有机物丰富的水沟、池塘、洼地和稻田，数量多时会在水面形成一层乳白色的薄膜。采集时要注意，取水面上层水样，采集后可用肉眼对着光源进行观察，呈乳白色、一个个到处乱窜的小点(针尖大)即草履虫。

2)培养

将新鲜干稻草剪成若干小段，按1∶100(稻草∶水)加水煮沸，过滤后的溶液置于容器内晾凉至室温，接种草履虫，容器口用干净纱布(双层)扎紧。将容器放在温暖明亮又不会被太阳直射的地方，一周左右的时间就可培养出大量的草履虫(将水样取出用肉眼观察，可发现水体呈云雾状)。

2．草履虫的外形与运动观察

1)制片

显微镜下草履虫游动迅速，为便于观察，将少许棉花撕松后放在一片洁净的载玻片中央，滴加一滴草履虫培养液于棉花纤维之间，盖好盖玻片，用吸水纸吸去多余的水分。

2)观察

将光线亮度调低，在低倍镜下观察草履虫的形态，包括体形、体表纤毛、口沟等。分辨草履虫的前、后端(前端钝圆、后端较尖)，然后注意观察草履虫游动时有什么特点。

注意：棉花纤维撕取适量；盖玻片和载玻片之间水分适量；加盖盖玻片时应避免产生气泡；如果草履虫游动仍很快，可取吸水纸放在盖玻片的一侧，将水吸去一些(注意不要吸干)。

3. 草履虫的内部构造观察

选择一个比较清晰而又不太活动的草履虫置于高倍镜下观察其内部构造。注意观察当草履虫穿过棉花纤维时，其体形是否发生改变，为什么？观察胞内的细胞器如伸缩泡、细胞核(大核和小核)等，注意前后两个伸缩泡的主泡与收集管在收缩上有何规律。

4. 草履虫食物泡的形成及变化观察

1) 制片

在洁净的载玻片中央滴加一滴草履虫培养液，用牙签蘸取少许洋红粉末掺入草履虫液滴中，混匀，撕取少量棉花纤维置于液滴上，加盖盖玻片。

2) 观察

在低倍镜下找一受阻不易游动但口沟未受到压迫的草履虫，转至高倍镜下观察其胞内食物泡的形成，计算一个食物泡形成所需要的时间，并根据细胞质内食物泡的大小及其排列顺序推断其运行路线。

5. 草履虫刺丝泡的观察

制备草履虫临时装片；在盖玻片一侧滴加一滴用蒸馏水稀释 20 倍的蓝黑墨水，另一侧用吸水纸吸引使墨水浸过草履虫；先用低倍镜、后用高倍镜观察虫体周围呈乱丝状的刺丝。

六、思考题

(1) 草履虫游动时有什么特点？当遇到阻挡物时，虫体如何游动？

(2) 草履虫的刺丝泡有何功用？对草履虫的生活有何意义？

(3) 绘制草履虫放大详图，并注明各部分结构。

七、参考文献

白庆笙，王英永. 2007. 动物学实验. 北京：高等教育出版社.

福山. 2009. 草履虫采集与培养方法的研究. 内蒙古民族大学学报，15(2)：86-87.

黄建华，曾海波，周善义，等. 2010. 草履虫采集与培养的基本方法. 科技创新导报，(24)：227-228.

刘凌云，郑光美. 2010. 普通动物学实验指导. 3 版. 北京：高等教育出版社.

沈萍，范秀容，李广武. 1999. 微生物学实验. 3版. 北京：高等教育出版社.
袁聿军. 2010. 草履虫的采集培养与活体观察方法研究. 实验室科学，13(1)：139-141.
曾海波，周善义，杨华，等. 2010. 观察活体草履虫的基本方法与技巧. 中国校外教育，(8)：64, 77.

实验 24

指纹提取原理与技术

一、背景资料

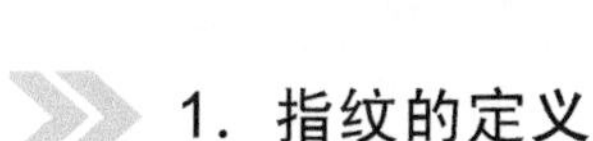

1. 指纹的定义

指纹，指人的手指末端正面皮肤上凸凹不平的纹路在一定介质面上产生的纹线。

2. 指纹的特点

指纹具有唯一性、遗传性、不变性等特点。

3. 指纹的分类

指纹的基本类型包括斗形纹、弓形纹、箕形纹和混杂形纹（图 24-1），每一类又分为若干小类。

斗形纹

弓形纹

箕形纹

混杂形纹

图 24-1　指纹的基本类型

4. 指纹的细节特征点

指纹的细节特征点包括起点、终点、分歧点、结合点、小勾、小眼、小桥、小棒、小点等(图 24-2)。

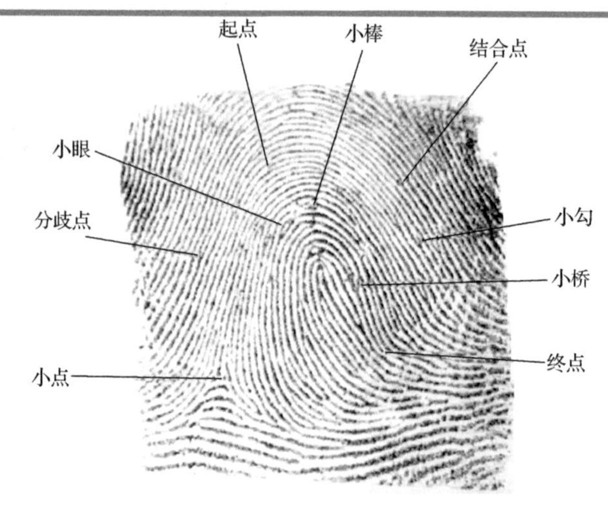

图 24-2 指纹的细节特征点(一)

(1)起点：纹线的起始点，即横行线的左端，竖行线的上端，圆弧线、螺形线及曲形线等顺时针旋转起始点，见图 24-3。

(2)终点：纹线的终止点，即横行线的右端，竖行线下端，圆弧线、螺形线及曲形线等顺时针旋转终止点，见图 24-3。

(3)分歧点：纹线由一条分叉为两条或两条以上，其分叉点称为分歧点，即横行线从左向右分叉，竖行线从上向下分叉，圆弧线、螺形线及曲形线等顺时针方向分叉等，见图 24-3。

(4)结合点：由两条或两条以上纹线汇结为一条，其汇结点称为结合点，即横行线从左向右汇结，竖行线从上向下汇结，圆弧线、螺形线及曲形线等顺时针方向汇结等，见图 24-3。

(5)小勾：在纹线上分出一小枝杈，所形成的如小钩状的纹线结构。小勾的线度应在 5.0 mm 以下，超出 5.0 mm 时可看成一个分歧点、一个终点或一个起点、一个结合点两个特征组合，见图 24-3。

(6)小眼：在纹线上分出的小枝杈又弯返回原纹线上所形成的形似小眼睛的纹线结构。小眼的线度应在 5.0 mm 以下，超出 5.0 mm 时可看成一个分歧点和一个结合点两个特征组合，见图 24-3。

(7)小桥：从一条纹线上所分出的小枝杈斜流汇入相邻纹线上所构成的斜搭小桥

状的纹线结构。小桥的线度应在 5.0 mm 以下，超出 5.0 mm 时可看成一个分歧点和一个结合点两个特征的组合，见图 24-3。

(8) 小棒：独立的一条短小直形的纹线，纹线的长度介于 1.0 mm 和 5.0 mm 之间，见图 24-3。

(9) 小点：纹线宽度的独立点为小点，见图 24-3。

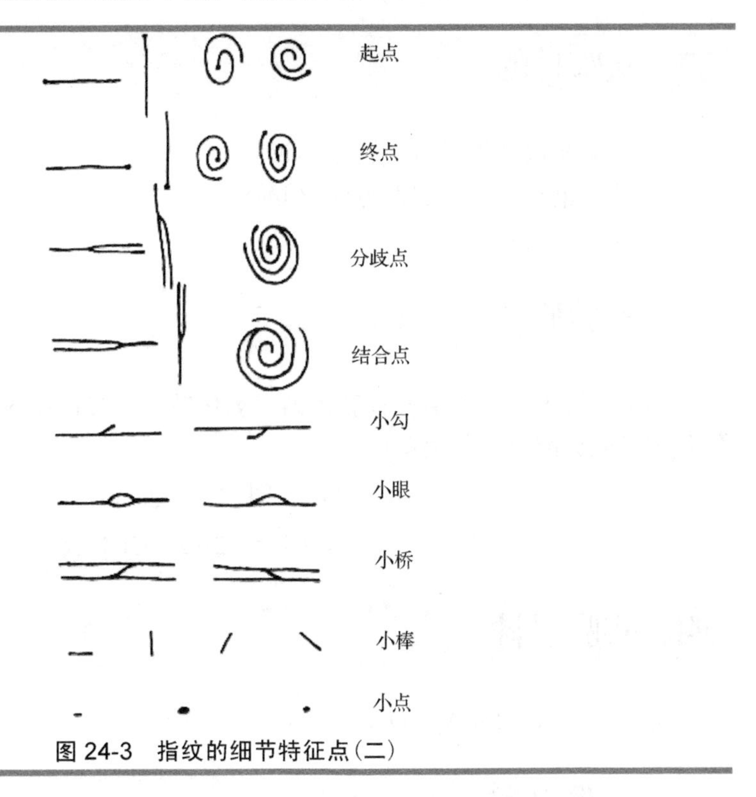

图 24-3　指纹的细节特征点(二)

5. 指纹印分类

第一类是明显指纹，即目视可见的纹路，如手沾油漆、血液、墨水等物品转印而成的指纹印。

第二类是潜伏指纹，是手指自然分泌物(汗液)转移形成的指纹纹路，目视不易发现，须经物理或化学方法处理才能显现，是案发现场中最常见的指纹。

6. 潜伏指纹的提取方法

1) 物理方法

应用对象：留在金属、塑胶、玻璃、瓷砖等非吸水性物品表面的指纹印。

原理：利用指纹印的吸附性、透光性等特点，将指纹呈现出来。

方法：粉末法、激光法

2)化学方法

应用对象：留在纸张、卡片、木头等吸水性物品表面的指纹印。

原理：指纹分泌物与试剂发生显色反应而显现出指纹。

方法：碘熏法、茚三酮法、硝酸银法等。

二、实验目的

(1)了解指纹特性及有关背景知识；

(2)掌握潜伏指纹的提取方法(硝酸银法)；

(3)学会比对指纹印。

三、实验原理

手指分泌出的汗液中含有氯化钠，氯化钠与硝酸银反应生成白色固体氯化银，氯化银见光分解为黑色银单质。

$$Ag^{+} + Cl^{-} = AgCl\downarrow$$

$$2AgCl = 2Ag + Cl_2\uparrow$$

四、实验器材

棉棒、滤纸、1% $AgNO_3$、红外线灯、放大镜。

五、实验内容

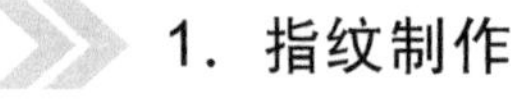

1. 指纹制作

(1)取一张滤纸，按左手食指指印。

(2)棉棒蘸取硝酸银溶液，轻轻涂抹于指纹区域。

(3)灯光照射指纹区域，相机提取固定指纹印。

2. 指纹对比

(1)大特征：指纹类别是否相同？

(2)细节特征：特征点的类型、方向、位置是否相同？

(3)结果：任一特征不匹配，即可判为不同指纹，否则为同一指纹。

3. 完成实验报告

小结实验，并且完成实验报告。

六、思考题

(1)为什么指纹成为警方破案的重要线索？

(2)分析自己的指纹，指出有几个斗形纹、几个弓形纹、几个箕形纹、几个混杂形纹。

七、参考文献

刘持平. 2001. 指纹的奥秘. 北京：群众出版社.

刘少聪. 1984. 新指纹学. 合肥：安徽人民出版社.

王成荣. 2012. 痕迹物证司法鉴定实务. 北京：法律出版社.

实验 25

酸奶的制作

一、背景资料

1. 酸奶简介

酸奶是以鲜奶为原料，经乳酸菌发酵制成的一种乳制品，具有一定的保健作用。作为乳制品中的重要产品，酸奶因其风味独特、营养价值高以及对人体健康有特殊的生理作用，备受世人青睐。

目前市场上的酸奶制品大致可分为凝固型和搅拌型两类。

凝固型酸奶的发酵过程是在包装容器中进行的，从而使成品保留了发酵后最初的凝乳状态。我国传统的玻璃瓶和瓷瓶装的酸奶即属于此类型。不过这种凝乳状态不容易保持，在运输过程中很容易被振散。随着消费者对口感的要求越来越高，在制作普通酸奶的基础上，人们添加了一些凝胶剂或增稠剂，就成了“老酸奶”。

搅拌型酸奶是将发酵后的凝乳在灌装前或灌装过程中搅拌破碎，添加(或不添加)果粒、果酱等制成的具有一定黏度的半流体状制品。与普通酸奶相比，搅拌型酸奶具有口味多样化、营养更丰富的特点。经常作为酸奶伴侣的水果有草莓、蓝莓、芒果、黄桃等。值得注意的是，并非所有水果都可用于添加制作酸奶。这是由于奶中丰富的蛋白质与一些水果中的果酸或某些物质混合会发生沉淀、凝聚等反应，不利于牛奶蛋白质的消化吸收。近年来，人们对生活质量要求不断提升，给酸奶的生产厂商也提供了无限施展空间。在具有补钙功能的高维高钙酸奶和味道上受热捧的抹茶酸奶进入市场后，为迎合爱美女性，添加了具有美容养颜功效成分制成的酸奶如芦荟酸奶、玫瑰酸奶等新产品也被不断推出。

2. 饮用酸奶的益处

酸奶中含大量活性益生菌和酶，因此具有多方面生物活性作用。

(1) 能将牛奶中的乳糖及蛋白质分解，促进人体消化和吸收，还能避免一些人群的乳糖不耐受症。

(2) 具有降低胆固醇的作用，特别适宜高血脂的人饮用。

(3) 通过产生大量的短链脂肪酸促进肠道蠕动，利用菌体大量生长改变肠壁渗透压，从而防止便秘。

(4) 可以产生一些增强免疫功能的物质，提高人体免疫力，预防疾病。

(5) 维护肠道菌群生态平衡，形成生物屏障，抑制有害菌对肠道的入侵及肠道内腐败菌的繁殖；减弱或抑制腐败菌在肠道内产生毒素和致癌因子，使肝脏、大脑等重要器官免受这些毒素的危害，达到防止衰老、抗癌的目的。

虽然酸奶益处很多，但食用时有两大忌讳：一忌加热，二忌空腹。这是因为，酸奶中的主要有效成分为活菌，如加热，活菌即被杀死；而空腹食用时，人的胃液 pH 在 2 以下，乳酸菌虽然有一定的抗酸能力，仍难以抵挡，导致活性降低。一般来说，饭后 1h 饮用酸奶，保健功能较好。

二、实验目的

(1) 了解酸奶发酵的微生物学原理；

(2) 掌握酸奶制作的一般技术流程。

三、实验原理

将乳酸菌接入牛奶中，经恒温发酵，牛奶中的乳糖分解产生乳酸。酸性条件下，牛奶中的酪蛋白(约占全乳的 2.9%，占乳蛋白的 85%) 发生变性凝固，因此奶液会转呈凝乳状态。

乳酸菌发酵通常可分为两种类型：同型乳酸发酵和异型乳酸发酵。同型乳酸发酵理论上只生成乳酸一种产物；而异型乳酸发酵的产物除乳酸外，还有乙醇、一氧化碳等物质。在酸奶制作中，常用的德氏乳杆菌、保加利亚乳杆菌和嗜热链球菌均为同型乳酸发酵菌。

四、实验器材

无抗生素的新鲜牛奶、白砂糖、时令水果、盒装原味酸奶和发酵剂等。

恒温培养箱、电热板、水浴锅、玻璃棒、500 mL 烧杯、100 mL 烧杯、保鲜膜和橡皮筋等。

五、实验内容

(1)原料预处理：将 200 mL 牛奶倒入 500 mL 烧杯中加热，加入 5%～10%白砂糖，不断搅拌使其溶于奶中并混匀。

(2)杀菌：采用巴氏消毒法，将上述奶杯置于 90℃水浴锅中，搅拌 5min。

(3)接种：将杀菌后的牛奶冷却到 40～45℃后，投入 0.1%(W/V)左右直投式发酵剂或 10%(V/V)原味酸奶，搅拌 1～2min 使发酵剂均匀分布于混合液中。

(4)分装、发酵培养：将奶液分装至 100 mL 烧杯(预先 121℃，20min 灭菌)中，杯口覆保鲜膜隔绝空气，然后迅速放入培养箱中，于 43℃下发酵 2.5～4h，观察到奶由液体状态转变为凝固状态时即可停止发酵。发酵终点可依据如下条件来判断：pH 低于 4.6；表面出现少量水痕。

(5)搅拌、添加辅料：掀开覆膜，用洁净干燥的玻璃棒搅拌破碎凝乳，在其中加入适量切至 5 mm 左右大小的时令水果块，混匀，重新覆膜封杯口(制作搅拌型酸奶在发酵后进行此步操作，如制作凝固型酸奶可直接进入下一步操作)。

(6)冷却、后熟：发酵完的酸奶在室温下冷却 10～15min，然后迅速放入冰箱中冷藏 12～24h 即可食用。这个过程主要是促进酸奶芳香成分的生成，提高产品的黏稠度，以形成良好的滋味、气味和组织状态。

六、思考题

观察你所制作酸奶的品相并品尝味道，分析其成因。

七、参考文献

郭清泉，张兰威，王艳梅. 2001. 酸奶发酵机理及后发酵控制措施. 中国乳品工业，29(2)：17-19.

乔欣，周水明，张筠. 2014. 酸奶发酵剂及酸奶工艺的优化研究. 轻工科技，(5)：14-15.

陶兴无，江贤君. 2008. 发酵产品工艺学. 北京：化学工业出版社.

实验 26

银镜的制作

一、背景资料

表面平整光滑、不透明且能够成像的物体叫做平面镜。平面镜成的像是物体的光经平面镜发生镜面反射后，反射光线的反向延长线形成的。平静的水面、抛光的金属表面等都可满足光线发生镜面反射的条件，都可作为平面镜。古代曾用黑曜石、金、银、水晶、铜、青铜等材料经过研磨抛光来制成镜子。12 世纪末，随着玻璃的广泛使用，黏附锡汞齐的玻璃镜子成为主流。19 世纪，化学镀银法的发明使现代的镀银玻璃镜诞生了。

现代玻璃镜是在玻璃表面镀上银或铝的薄层作为反射面，再镀以保护层保护反射面，利用平整的玻璃表面使得银或铝薄层具有完全的镜面反射能力，从而能形成清晰的像。镀银的方法主要有化学法和真空法。最常用的是化学法，这种方法是利用“银镜反应”生成的银均匀地沉积在洁净的玻璃表面，从而形成镜面反射层；而真空蒸镀法是在高真空的条件下，高温使铝蒸发成气态，沉积在玻璃表面形成镜面。

二、实验目的

(1) 了解镜子成像原理；

(2) 掌握化学镀银法原理；

(3) 掌握简易镜子制作方法。

三、实验原理

化学镀银法是利用银镜反应镀银，即通过溶液中银盐与还原剂反应，生成金属银沉淀在基体表面形成银镜。具体来说，制作银镜的方法是将硝酸银溶于水中，加氨水和氢氧化钠溶液形成氢氧化银氨复盐，即为银源液；以转化糖、甲醛、酒石酸钾钠等的溶液为还原液；将二者在玻璃表面混合，还原剂中的醛基将银液中的银离子还原成银而沉积在玻璃表面，形成镜子。本实验中以葡萄糖为还原剂，具体反应过程如下：

$$AgNO_3 + NH_3 \cdot H_2O \longrightarrow AgOH \downarrow + NH_4NO_3$$

$$AgOH + 2NH_3 \cdot H_2O \longrightarrow [Ag(NH_3)_2]OH + 2H_2O$$

$$\underset{\text{葡萄糖}}{CH_2OH(CHOH)_4CHO} + 2Ag(NH_3)_2OH \longrightarrow CH_2OH(CHOH)_4COONH_4 + \underset{\text{银}}{2Ag} \downarrow + 3NH_3 + H_2O$$

四、实验器材

硝酸银、浓氨水、氢氧化钠、葡萄糖和铁红漆。

玻璃片(8 cm×8 cm)、电热套、50 mL 烧杯(2 个)、10 mL 量筒、超声清洗仪和玻璃棒。

五、实验内容

1. 玻璃基底的清洁

用洗洁精将玻璃片两面清洗干净，95%乙醇超声清洗 20 min，用吹风机吹干备用。

2. 银源液的配置

向 10 mL 2%的硝酸银溶液滴加 25%的浓氨水，至沉淀刚好消失，再加入 2 mL 7.5%的氢氧化钠溶液，如有沉淀可继续滴加氨水至沉淀消失，即为银源液。

3. 还原液的配置

取 2 mL 5%葡萄糖溶液，滴入 1 滴 2%硝酸银溶液，煮沸，冷却至室温。

4. 银反射层的化学镀

镀镜时，迅速将银源液和还原液混合均匀，立即倒在水平放置的玻璃上，5 min 即可出现完整的银镜，倒掉玻璃表面多余的溶液，水洗后晾干。

5. 保护层的涂刷

银反射层晾干后，涂上一层铁红底漆晾干，镀银玻璃镜制作完成。

六、思考题

(1)为什么选用玻璃作为制作镜子镀银的基底?

(2)为什么玻璃的镀银面要求非常洁净?

七、参考文献

兰州大学. 2010. 有机化学实验. 3 版. 王清廉，李瀛，高坤，等修订. 北京：高等教育出版社：423-425.

王海燕. 2006. 银镜反应反常现象的实验探讨. 山东教育学院学报，(8)：142-144.

实验 27

荧光棒的原理及制作

一、背景资料

1．物质的发光原理

所有物质的原子都是由原子核和核外电子组成的，而且核外电子在原子核外的分布具有一定的规律性。核外电子的排布遵循能量最低原理、泡利不相容原理和洪特规则。这可以用简单的轨道模型来解释，即原子核周围从近到远分布着能量从低到高的能级轨道，电子就分布在这些能级上(图 27-1(a))。一般情况下，电子优先排布在离原子核最近的轨道上，此时能量最低，是一种较为稳定的状态(基态)；当有外加能量时，电子可以吸收能量到达能量较高的状态(激发态)。但是，根据能量最低原理，处于激发态的电子总有回到基态的趋势，当其从激发态回到基态时就会放出能量；如果能量以光子形式释放，就产生了光(图 27-1(b))。

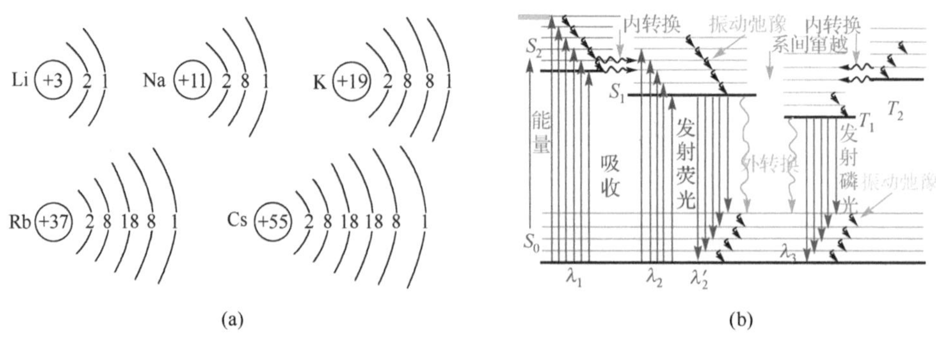

图 27-1　原子构成的轨道模型和发光原理示意图

2．化学发光

各种途径产生的光能、电能、热能都可以激发电子到激发态而产生光辐射过程，其中物质在化学反应过程中产生的光辐射称为化学发光。化学发光又可分为直接发光和间接发光。直接发光是最简单的化学发光反应，由激发和辐射两个步骤组成。如 A、B 两种物质发生化学反应生成 C 物质，反应释放的能量被 C 物质的分子吸收并跃迁至激发态C^*，C^*在回到基态的过程中产生光辐射。这里 C^*是发光体，此过程中，由于 C 直接参与反应，故称直接发光。间接发光又称能量转移化学发光，它主要由三个步骤组成：首先，反应物 A 和 B 反应生成激发态中间体 C^*(能量给予体)；当 C^*分解时，释放出能量转移给 F(能量接收体)，F 被激发到激发态 F^*；最后，当F^*跃迁回基态时，发出光。化学发光反应的发光类型通常分为闪光型(flash type)和辉光型(glow type)两种。闪光型发光时间很短，只有零点几秒到几秒。辉光型又称持续型，发光时间从几分钟到几十分钟，或几小时至更久。

二、实验目的

(1)了解物质发光过程；

(2)掌握化学发光原理；

(3)掌握简易荧光棒的制作方法。

三、实验原理

荧光棒内有一根中空易碎的玻璃管，里面装有过氧化氢溶液，而外周的溶液则是酯类(多为双草酸二酯(CPPO)或苯甲酸酯等)和荧光染料的混合液。当弯曲荧光棒时，玻璃管破裂释放过氧化氢，过氧化氢和酯类反应，生成过氧化酯。过氧化酯是一类高能分子，极不稳定，它将能量传递给荧光染料分子，使其能量增高，自身分解为二氧化碳。而高能的荧光素分子在回归基态时，则释放光子，成为我们看到的荧光，从而完成化学能转化为光能的过程(图 27-2)。

四、实验器材

苯甲酸乙酯、双草酸二酯、叔丁醇、过氧化氢(30%)、荧光染料(罗丹明 B、曙红 Y)。

10 mL 比色管(5 支)、10 mL 量筒(2 个)、玻璃棒。

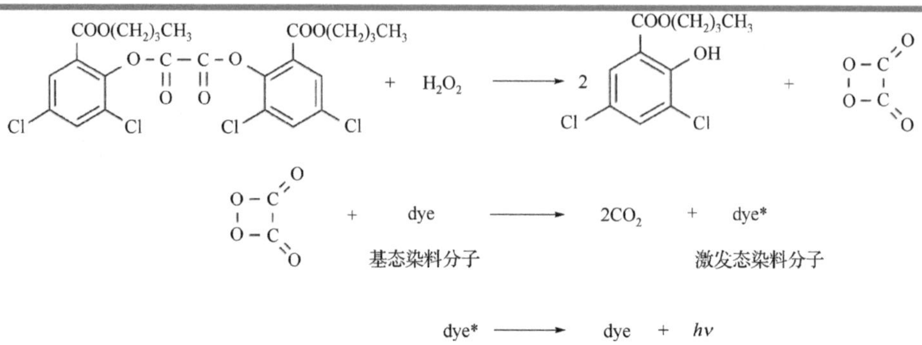

$COO(CH_2)_3CH_3$ $COO(CH_2)_3CH_3$ $COO(CH_2)_3CH_3$

O－C－C－O OH

Cl Cl Cl Cl + H_2O_2 ⟶ 2 Cl Cl +

O－C＝O / O－C＝O + dye ⟶ $2CO_2$ + dye*

基态染料分子 激发态染料分子

dye* ⟶ dye + $h\nu$

图 27-2 荧光棒的发光原理

五、实验内容

1. A 溶液的配置

取 2 g 双草酸二酯放入比色管中，再向其中加入 6 mL 的苯甲酸乙酯，水浴加热直至双草酸二酯完全溶解，最后自然冷却即可。

2. B 溶液的配置

在振荡下，将 5 mL 30%的过氧化氢(**注意**：有腐蚀性，千万不能洒到皮肤或衣服上)和 5 mL 的叔丁醇混合于另一支比色管中，再加入 1 mg 醋酸钠。

3. 荧光溶液的制作

室温下，将已冷却的 A 溶液缓慢倒入 B 溶液中(两者体积比为 1∶1)，震荡片刻。将混合溶液均匀分成三份，分别向其中加入 10 mg 不同的荧光染料即可观察到不同颜色的荧光。

六、思考题

(1) 为什么物质本身的颜色与其发出光的颜色不一样？

(2) 有哪些方式可以使物质发光？

七、参考文献

金可刚，肖锦平，王华周. 2007. 有机过氧化物的基本特性和风险预防. 精细化工原料及中间体，(3)：18-20.

徐福培，陈颂真，陈春华. 1986. 有机化合物的化学发光. 化学试剂，8(2)：100-103.

支正良，于山江，华万森，等. 1997. 过氧草酸酯类化学发光体系的研究进展. 化学世界，(12)：619-624.

实验 28

护手霜的配制

一、背景资料

护手霜是一种广泛使用的维持手部皮肤健康、增进美容效果的日用化妆品，是我国最早规模化生产的日化品之一。护手霜属于膏状乳剂类化妆品，即一种液体(通常是油性物质)以极细小的液滴分散于另一种互不相溶的液体(通常是水)中所形成的多相分散体系。护手霜通常是以硬脂酸皂为乳化剂的水包油型乳化体系，其中水中含有多元醇等水溶性物质，油中含有长链脂肪酸、长链脂肪醇、多元醇脂肪酸酯等非水溶性物质。使用时，将护手霜涂在手上，水分蒸发后便留下一层油性薄膜，使皮肤与外界干燥空气隔离，能节制表皮水分过量蒸发，保护皮肤不致干燥、开裂或粗糙。

二、实验目的

(1) 了解化妆品的基本化学知识；
(2) 了解护手霜的配制原理和各组分的作用；
(3) 掌握护手霜的配制方法。

三、实验原理

护手霜是以硬脂酸、多元醇、水、碱等组成的水包油型乳化体系，其中硬脂酸与氢氧化钾反应生成的硬脂酸钾，在体系中起着乳化剂的作用，使油相能稳定地分散在水中。生成硬脂酸钾的反应如下：

$$C_{17}H_{35}COOH + KOH = C_{17}H_{35}COOK + H_2O$$

多元醇作为吸湿剂，在水分蒸发后形成保护膜获得保湿效果，起到防止干燥和防冻作用。水则是反应和存放的溶剂。

四、实验器材

50 mL 烧杯(2 个)、电热套(2 个)、10 mL 量筒、数显探针温度计和玻璃棒。

硬脂酸、单硬脂酸甘油酯、甘油、十六醇、氢氧化钾和蒸馏水。

五、实验内容

(1) 油相的制备：将 50 mL 烧杯放在电子天平上，去皮后，分别称取 2 g 硬脂酸、0.3 g 单硬脂酸甘油酯、2 g 甘油和 0.6 g 十六醇。将此烧杯用电热套加热，使物料熔化，搅拌使其混合均匀，并保持烧杯内物料温度在 90～95℃之间。

(2) 水相的制备：将 50 mL 烧杯放在电子天平上，去皮后，准确称取 0.1 g 氢氧化钾，加入 20 mL 蒸馏水，同样加热至 90℃，并保持 20 min 以达到灭菌的目的。

(3) 用玻璃棒搅拌油相，同时将水相快速加入油相中，继续搅拌 40 min 后从电热套中取出，静置、冷却至室温。

六、思考题

(1) 硬脂酸的作用是什么？

(2) 护手霜的护肤原理是什么？

七、参考文献

陈战. 2012. 雪花膏的制备. 广东化工，(16)：27-30.

袁铁彪. 1981. 化妆品：第五讲 膏霜类化妆品. 日用化学工业，(4)：42-50.

曾宪科. 1987. 对制取雪花膏时几个问题的讨论. 广东化工，(1)：54-56.

实验 29

固体酒精的制备

一、背景资料

固体酒精，或称固化酒精，因使用、运输和携带方便，燃烧时对环境的污染较少，与液体酒精相比较要安全一些，被广泛应用于餐饮业、旅游业和野外作业等。近几年来，出现了各种使工业酒精固化的方法，这些方法的差别主要是选择了不同的固化剂。本实验采用硬脂酸与氢氧化钠反应生成的硬脂酸钠为固化剂来制备固体酒精。

二、实验目的

(1)学习固体酒精的制备原理和实验方法；

(2)了解化学在日常生活中的应用。

三、实验原理

硬脂酸与氢氧化钠混合后发生下列反应：

$$CH_3(CH_2)_{16}COOH + NaOH = CH_3(CH_2)_{16}COONa + H_2O$$

这是典型的皂化反应过程。反应生成的硬脂酸钠是一个长碳链的极性分子，室温下不易溶于酒精，在较高的温度下，硬脂酸钠可以均匀地分散在液体酒精中，冷却后则形成凝胶型固体，使酒精分子被束缚于相互连接的大分子之间，呈不流动状态而制成所谓的固体酒精。

四、实验器材

500 mL 烧杯(1 个)、250 mL 烧杯(1 个)、100 mL 烧杯(1 个)、50 mL 烧杯(1 个)、玻璃棒(2 支)、电热套(2 个)、100℃温度计(1 支)、50 mL 量筒(1 个)、电子天平(1 台)、称量纸、药匙若干、蒸发皿(1 个)、火柴。

95%乙醇、硬脂酸、氢氧化钠和蒸馏水。

五、实验内容

(1)用量筒量取 40 mL 95%乙醇，倒入 100 mL 烧杯中，称取 5 g 硬脂酸，加入盛有 95%乙醇的烧杯中，水浴加热，使烧杯内液体温度达到 60℃左右，硬脂酸逐渐溶于乙醇，成为无色、透明的溶液。

热水浴准备：向 500 mL 或 250 mL 的烧杯中加入大约 100 mL 或 50 mL 水，用电热套加热到 70℃左右，备用。

(2)将干燥洁净的 50 mL 烧杯放在天平上，去皮，称取 1.2 g 氢氧化钠固体，再量取 10 mL 95%乙醇，倒入盛有氢氧化钠的烧杯中，水浴加热至 60℃，并搅拌使之溶解。(**提示**：氢氧化钠是强腐蚀性物质，不要让其接触皮肤和衣物，以免腐蚀。)

(3)保持温度(60℃)，将氢氧化钠的乙醇溶液缓慢倒入硬脂酸的乙醇溶液中，并不断搅拌，使其充分混合均匀。取出冷却，随着温度的降低，混合物慢慢凝固，固体酒精就形成了。

最后，可以做一下固体酒精的燃烧实验。取出一个蒸发皿，放入一小块制作好的固体酒精，用火柴点燃，观察其燃烧情况。

六、思考题

(1)固体酒精的制备原理是什么？

(2)实验中还能加入哪些物质使固体酒精更加结实？

七、参考文献

陈良. 1995. 用工业酒精制取固体酒精燃料. 湖南化工，25(3)：42-43.

钱晓春. 1992. 固体酒精的合成工艺研究. 化学世界，(7)：325-328.

周彩荣，王海峰，王训遒. 1993. 固体燃料的合成工艺研究. 日用化学工业，(5)：4-7.

实验 30

手工皂的制作

一、背景资料

肥皂是高级脂肪酸金属盐类的总称，包括软肥皂、硬肥皂、透明皂和香皂等。肥皂是最早使用的洗涤用品，至今已有 3000 多年的历史，对皮肤刺激性小，具有便于携带、使用方便、去污力强、泡沫适中和洗后容易去除等优点。

随着社会的进步，人们对健康要求越来越高，随之孕育而生的就是手工皂。手工皂，就是自己动手做香皂，需要油脂、氢氧化钠、水 3 种基本材料。手工皂既可用于洗面，又可用于沐浴。手工皂的泡沫细腻丰富，能彻底清除毛孔深处的油污，使肌肤滋润光泽、富有弹性。制作方法分为两种：热制法及冷制法。热制法制成的手工皂一般都是普通精油手工皂；而用冷制法制成的手工皂称为冷制凝脂手工皂。它们从原材料到制作方法、周期是完全不一样的。精油皂制作快，大多呈半透明状，且五颜六色非常漂亮；冷制凝脂手工皂制作周期长，样式比较单一。

手工皂的造型更是多姿多彩，甚至还有变化无穷的镶嵌造型系列，可以把我们的照片、名字清晰地镶嵌在里面，只要发挥想象力，就能制出属于自己的手工皂。

手工皂的主要成分跟肥皂一样，是高级脂肪酸的钠盐。它的分子可分为两部分：一部分是极性的羧基，易溶于水，是亲水而憎油的，叫做亲水基；另一部分是非极性的烃基，不溶于水而溶于油，是亲油而憎水的，叫做憎水基。当手工皂溶于水时，在水面上，手工皂分子中亲水的羧基部分倾向于进入水分子中，而憎水的烃基部分则被排斥在水的外面，形成定向排列的手工皂分子。在洗涤物品时，手工皂分子中憎水的烃基部分就溶解进入油污内，而亲水的羧基部分则伸在油污外面的水中，油污被手工皂分子包围形成稳定的乳浊液。通过机械搓揉和水的冲刷，油污等污物就脱离附着物分散成更小的乳浊液滴进入水中，随水漂洗而离去，从而达到去污的效果。

二、实验目的

(1) 学习手工皂的制作过程；

(2) 了解手工皂的去污原理。

三、实验原理

手工皂以橄榄油、椰子油、棕榈油等含不饱和脂肪酸较多的油脂为原料。与氢氧化钠溶液发生皂化反应，反应式如下：

$$\begin{array}{l} CH_2OOCR_1 \\ | \\ CHOOCR_2 \end{array} + 3NaOH \longrightarrow \begin{array}{l} CH_2OH \\ | \\ CHOH \end{array} + R_1COONa + R_2COONa + R_3COONa$$

$$\begin{array}{l} | \\ CH_2OOCR_3 \end{array} \qquad\qquad \begin{array}{l} | \\ CH_2OH \end{array}$$

四、实验器材

50 mL 烧杯 (1 个)、 250 mL 烧杯 (1 个)、试管 (若干)、恒温水浴槽 (2 孔 1 台)、电子台秤 (1 台)、药匙 (若干)、玻璃棒 (1 支)、100℃温度计 (1 支)、皂模、保温箱、橡皮刮刀和 pH 试纸。

椰子油、棕榈油、橄榄油、芦荟油、氢氧化钠、食用色素、芦荟精油和薰衣草精油。

五、实验内容

1. 氢氧化钠溶液的配制

取 50 mL 烧杯一只，放在电子天平上，去皮，准确称量 6.5 g 氢氧化钠，再用量筒量取 18.2 mL 蒸馏水，把量好的蒸馏水倒入烧杯中，充分搅拌使氢氧化钠溶解，即得氢氧化钠溶液，冷却待用。

(**提示**：氢氧化钠是强腐蚀性物质，不要让其接触皮肤和衣物，以免腐蚀。)

2. 混合油的配制

取 250 mL 烧杯，分别准确称量 36 g 橄榄油、9 g 椰子油、5 g 棕榈油、10 g 芦荟油，用恒温水浴槽加热混合油，等到油温达到 38～40°C 时，即可进行下一步的混合。

3.皂化、成型

(1)将达到一定温度的氢氧化钠溶液倒入混合油中(不可相反)，要慢慢倒，边倒边搅拌混合溶液，动作要轻缓，避免皂液溅出。不断搅拌皂液，观察皂液状态变化。皂液完全皂化要花费 1～2 h 的时间，皂化过程要缓慢不断搅拌，同时观察皂化进度。

(2)待皂液完全皂化后(若须检验，可用玻棒取出几滴试样放入试管，在试管中加入 5～6 mL 蒸馏水，震荡，若呈清晰透明，即可停止加热)，加芦荟精油或者薰衣草精油，搅拌均匀后，就可以倒入事先准备好的皂模中。

(3)将入模后的皂液放入保温箱保存，保温工作做得越好，成皂的品质就越高。

(4)48 h 后即可出模，出模后将皂存放在阴凉、干燥、通风的地方，等待 4～6 周后成熟，即可使用。

六、思考题

(1)溶解氢氧化钠时要注意什么？

(2)加热制备肥皂油脂时，为什么要隔水加热？直接加热不行吗？

七、参考文献

红酒兔兔. 2014. 天然手工皂配方及手工皂的制作方法初级教程. http://www.rouding.com/life-diy/ganwu-life/110937.html[2016-12-5].

沈倩. 2011. 手工皂的发展及制备. 科技信息，(14)：512，514.

谭大志，冉媛媛，周立静. 2010. 手工肥皂的实验设计. 实验室科学，13(3)：66-68.

第四部分

信息科学

实验 31

机器人的初步认识

一、背景资料

随着智能时代的到来，各类机器人走进了大众的视野，它们通过特定结构与程序完成有难度的任务，应用范围十分广泛，可以用于工业、农业、医疗、空间探测、教育领域等，机器人的外表并不限于人的形状。

国际标准化组织对机器人的定义为：①机器人的动作机构具有类似于人或其他生物体的某些器官(肢体、感受等)的功能；②机器人具有通用性，工作种类多样，动作程序灵活易变；③机器人具有不同程度的智能性，如记忆、感知、推理、决策、学习等；④机器人具有独立性，完整的机器人系统在工作中可以不依赖于人的干预。

《中国大百科全书》对机器人的定义为：能灵活地完成特定的操作和运动任务，并可再编程序的多功能操作器。

机器人也可以理解为一种能够通过程序控制，自动或遥控完成某类任务的机器系统，它由控制系统、感知系统、驱动系统以及执行系统组成。

我国科学家认为机器人：①是一种自动化的机器；②具有智力或感觉与识别能力；③是人造的机器或机械电子装置。

教育机器人是面向教育领域专门研发的以培养学生分析能力、创造能力和实践能力为目标的机器人，具有教学适用性、开放性、可扩展性和友好的人机交互等特点。常见的教育机器人种类有：乐高机器人、VEX IQ 和 VEX EDR 机器人、中鸣机器人及能力风暴机器人 WER 等。

科技推动教育，知识改变命运，随着时代的飞速发展，信息技术与教育不断融合，传统的教学已不能满足社会对于创新人才的需求。教育机器人作为一种教学载体，不仅将素质教育、STEAM(Science(科学)、Technology(技术)、Engineering(工程)、Art(艺术)、Mathematics(数学))教育、创客教育与人工智能等前沿科技有机地结合，而且它本身带有的实践性、探究性、趣味性吸引着学生更大程度地参与，教育机器人走进中小学课堂也将成为一种必然趋势。

二、实验目的

(1) 了解机器人的应用领域；
(2) 熟悉机器人组成的四大系统及相应部件；
(3) 掌握机器人四大系统的连接方式；
(4) 理解机器人运行的原理。

三、实验原理

机器人按用途可以分为操作机器人、移动机器人、信息机器人、人机机器人。为避免机器人给人类发展带来的危害，阿西莫夫早在 1940 年提出了“机器人三原则”：“一是机器人不得伤害人类，或者坐视人类受到伤害而袖手旁观；二是机器人必须服从人类的命令，除非这些命令违反了第一原则；三是机器人必须尽可能地保护自己的生存，前提是这种保护与第一或第二原则不冲突。”

四、实验器材

机器人控制器(主控制器和控制手柄)，电机(大型电机、中型电机等)，机器人传感器(包括光电颜色传感器、触动传感器、超声波传感器、陀螺仪传感器等)，机器人若干零件(齿轮、轮轴、横梁、插销)及连接线。

机器人的相应编程环境准备。

五、实验内容

1. 认识机器人系统

1) 控制系统

控制系统相当于人的大脑，具有控制其他肢体动作的功能。对机器人来说，它包括以微型计算机为核心的控制器和存放在控制器中的程序软件，可以处理从感知系统获取的外界信息，指挥电机驱动执行系统，例如乐高机器人控制器、VEX IQ 机器人主控器等，见图 31-1 和图 31-2。

2) 驱动系统

驱动系统相当于人体的心脏与肌肉，它包括电器驱动、气压(液压)驱动装置等。教育机器人的驱动系统主要由电机组成，例如乐高机器人中的大型电机和中型电机，以及 VEX IQ 机器人电机，见图 31-3。

图 31-1　乐高机器人控制器

图 31-2　VEX IQ 机器人主控器和遥控器

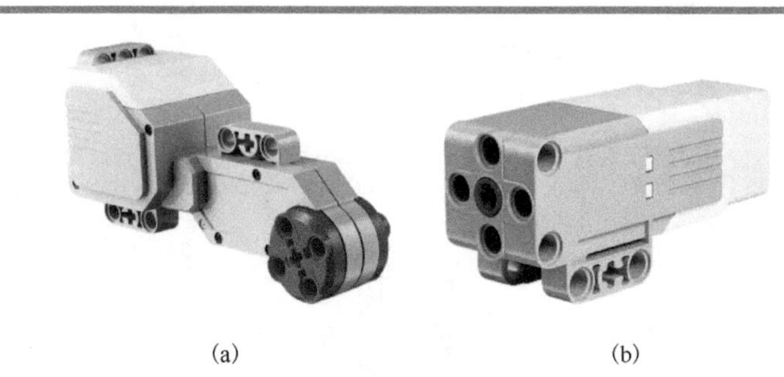

(a)　　(b)　　(c)

图 31-3　乐高机器人大型电机(a)、中型电机(b)和 VEX IQ 机器人电机(c)

3) 感知系统

感知系统相当于人的感觉器官，具有感知并传递外界信息的功能，对机器人来说，它包括各类传感器和连接线，例如乐高机器人传感器(见图 31-4)、VEX IQ 机器人传感器(见图 31-5)。

(a) 超声波传感器

(b) 触动传感器

(c) 颜色传感器

(d) 陀螺仪传感器

图 31-4　乐高机器人传感器

超声波传感器(图 31-4(a))会发出超声波并对回声进行解读，以检测和测量与物体之间的距离。该传感器也可通过发出单一声波用作声呐装置，或监听声波以触发程序的启动。EV3 的超声波传感器测距范围为 3～250 cm，精度 1 cm。

触动传感器(图 31-4(b))是一款简单但却极其精确的工具，可检测其前按钮是否按下或释放，并且可以对单一或多次按下进行计数。它也是力传感器的一种，可用于机械手上的按压触碰。

颜色传感器(图 31-4(c))可区分不同的颜色(8 种)。该传感器还可用作光线传感器，可以检测光线的强度及反射值，以获得机器人在移动过程中与障碍物的距离，多用于巡线过程中。

陀螺仪传感器(图 31-4(d))可测量机器人的转动性运动和方向的变化。通过这一传感器，学生可以测量角度，创建平衡的机器人，角度精度 ±3°。

超声波传感器：使用声波检测距离(6cm~4m)

碰撞传感器：可以当作按钮使用

颜色触摸传感器：可以通过设置使传感器显示不同颜色，也可以当作按钮使用

颜色传感器：检测颜色或光线明暗

角度传感器：精确控制机器人转弯角度

图 31-5 VEX IQ 机器人传感器

4)执行系统

执行系统相当于人的四肢和躯干，对机器人来说，它是由砖、梁、板、轴、齿轮、销、连接件等元件组成，包括手臂、轮子、履带等机械装置，按照相关软件程序指派的任务直接对工作对象或环境作用，完成相关的动作，图 31-6 为乐高机器人部分元件，图 31-7 为 VEX IQ 机器人部分元件。

其中，销、螺母柱和连接件都可以在有合适孔的地方通过拼插连接组件(板、梁、齿轮)；角度连接件可以把垂直方向的板和梁连接起来；轴可连接马达和齿轮。

2. 组装机器人系统

使用连接线，将传感器连接在控制器上相应的端口，将电机连接在控制器上相应的端口，这样就完成了控制系统与感知系统、驱动系统的简单连接。

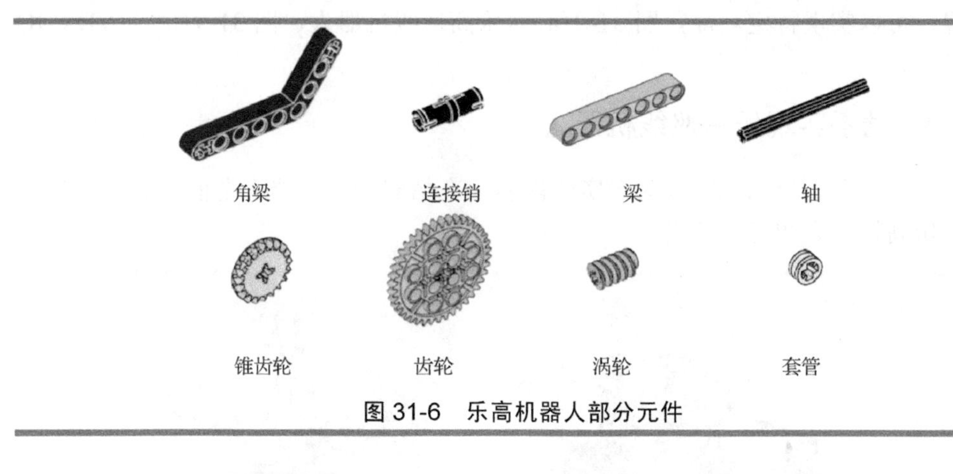

图 31-6　乐高机器人部分元件

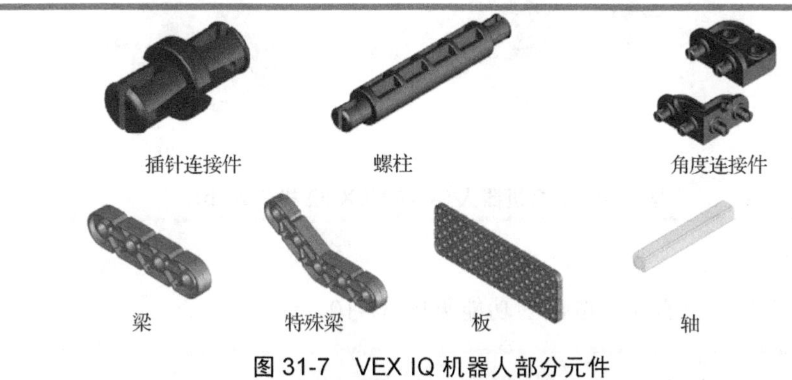

图 31-7　VEX IQ 机器人部分元件

例如，在乐高机器人控制器显示屏上方的端口 A、B、C、D(从左到右)用来连接电机，控制器下方的端口 1、2、3、4(从左到右)用来连接传感器，见图 31-8。

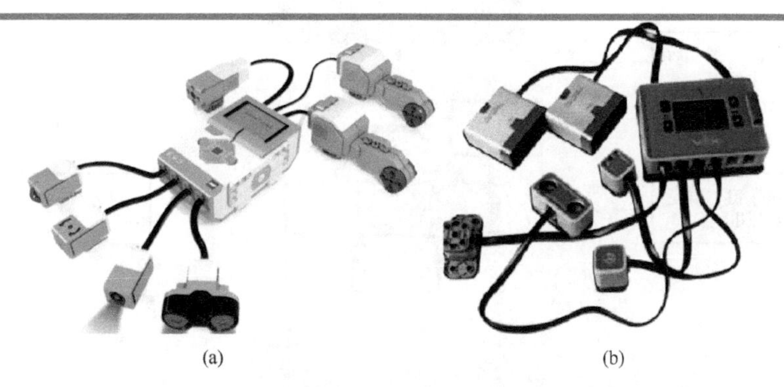

图 31-8　乐高机器人(a)、VEX IQ 机器人(b)连接方式

再运用执行系统的机器人元件进行搭建和连接，并将各类传感器固定在相应不

同位置，可以实现特定功能，图 31-9(a)为乐高巡线机器人，图 31-9(b)为 VEX IQ 仿生机器人。

3. 动手实现乐高巡线机器人

以乐高机器人为例，完成这一实验内容。在搭建乐高机器人之前，我们首先来看一下乐高机器人如何开关机。

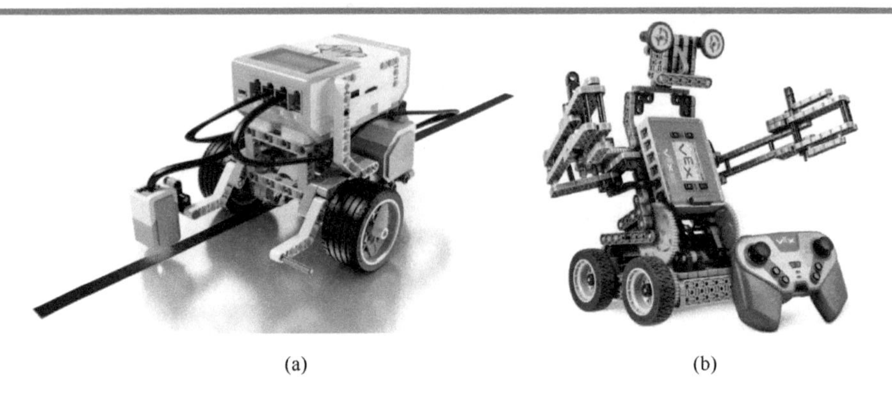

(a) (b)

图 31-9 乐高机器人(a)和 VEX IQ 机器人(b)

1)开关机

乐高机器人控制器各个按钮的功能见图 31-10。

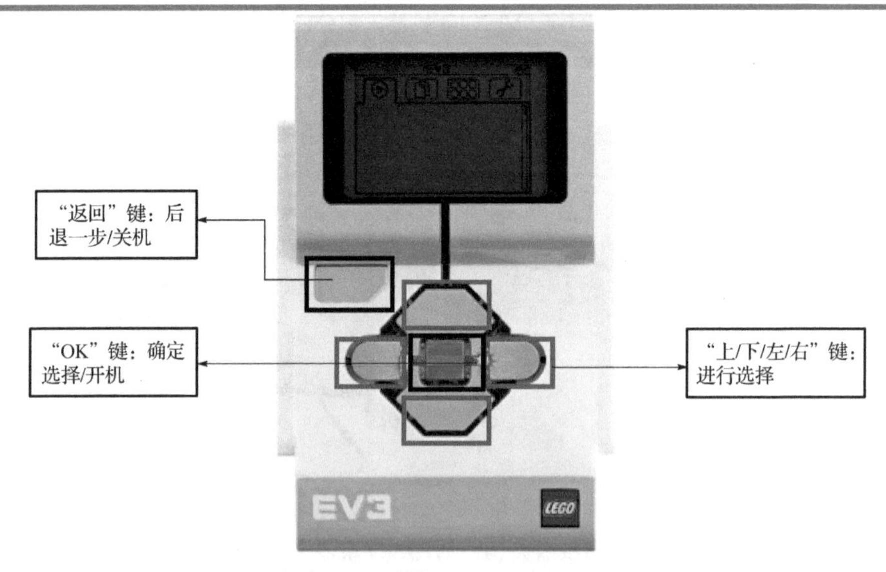

图 31-10 乐高机器人主控按钮功能

开机：长按中间的“OK”键，待绿灯亮起并伴随提示音，即已开机。

关机：按左上角的“返回”键，屏幕出现对话框后，按“右”键，选择“√”，再点击中间的“OK”键，听到提示音并且显示屏关闭，即已关机。

2)搭建巡线机器人

乐高巡线机器人的搭建是在乐高基础小车搭建(图 31-11)的基础上完成的，在乐高基础小车上安装一个朝向下方的颜色传感器即可。

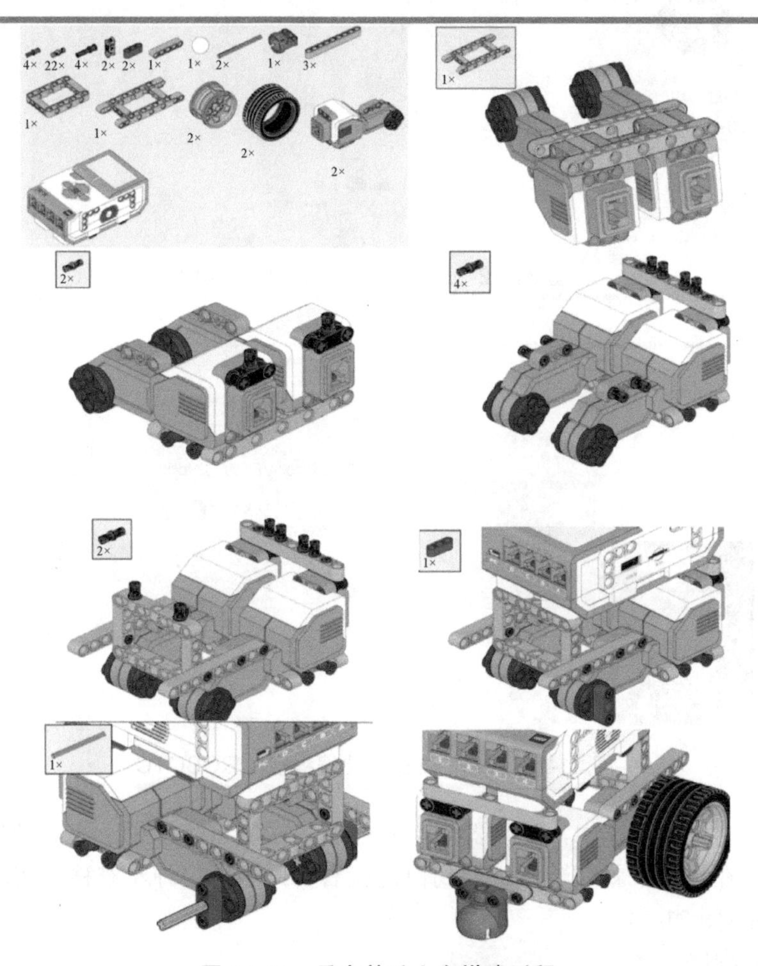

图 31-11　乐高基础小车搭建过程

3)编程

没有程序，机器人就只是一座雕像。当你对机器人编程时，便赋予了它能力。为了降低学习门槛，让学生快速学会并且成功使用，大多数编程软件采用图形化的方式。在实际操作过程中，应根据指定任务以及搭建的结构编写相应的程序。目前有支持图形化的编程环境，如乐高 EV3 图形化编程软件(图 31-12)、VEX IQ 图形化编程软件(图 31-13)，也有基于 C 语言和 Python 语言的，用语言编程的机器人执行任务运行更精准、更流畅。

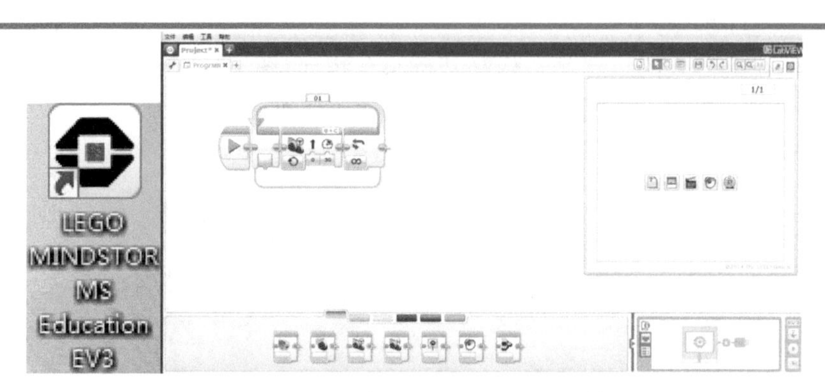

图 31-12　乐高 EV3 图形化编程软件

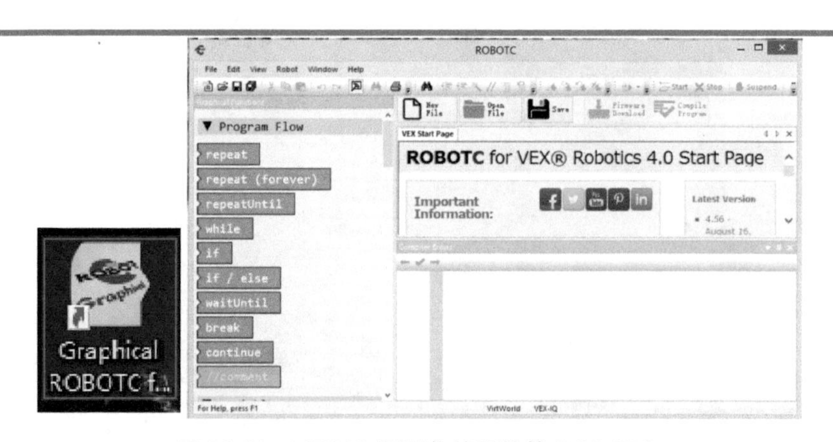

图 31-13　VEX IQ 图形化编程软件 ROBOTC

在单光感巡线程序中，让机器人沿着黑线的左侧边缘行进，依靠颜色传感器，识别到小车在黑线上就左转，识别到白色就右转，利用这种左右移动实现沿着黑线边缘向前走(图 31-14)。

4) 下载程序

如图 31-15 所示，可以使用连接线，将主控与计算机相连，然后软件中右下角就能够显示所连接主控的一些信息。单击“下载”选项，当前窗口中的程序即已下载成功。

5) 打开程序

开机后，主控显示屏上就能够看到自己命名的程序，单击“中”键打开就开始运行程序。

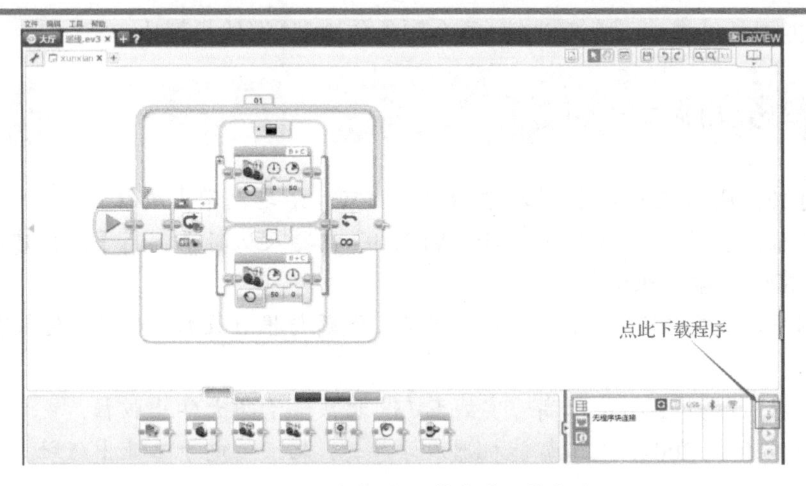

图 31-14　乐高 EV3 单光感巡线程序

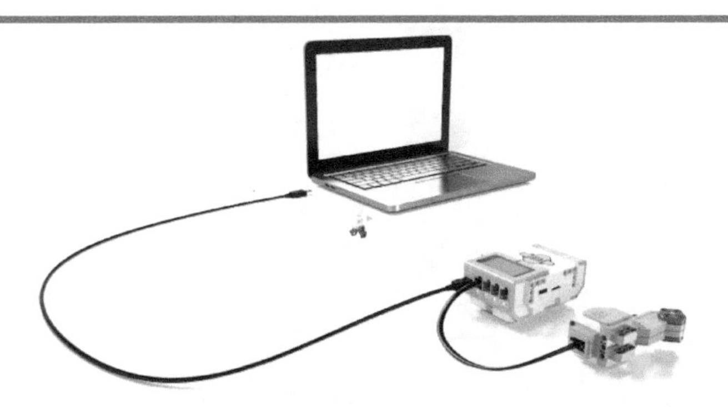

图 31-15　使用连接线下载乐高 EV3 程序

6) 调试

在完成基础操作后，需要通过运行机器人，检查程序是否符合条件以及结构是否稳定，对出现错误的地方进行及时的修改和完善。例如巡线机器人中，电机转动速率等参数都会影响小车沿着黑线行走的精确度，所以需要通过运行巡线程序来检查程序执行的效果。

六、思考题

(1) 各个传感器的功能及用途是什么？

(2) 尝试搭建一个可以运行的基础小车。

(3) 如何实现单光感巡线程序？编程思想是什么？

(4)能否尝试搭建一个双光感(两个颜色传感器)巡线机器人?

七、参考文献

蔡自兴，谢斌. 2015. 机器人学. 3版. 北京：清华大学出版社.

王雪雁，贺敬良，郝南海. 2019. VEX IQ机器人从新手到高手：搭建、编程与竞赛. 北京：化学工业出版社.

张剑平，王益. 2006. 机器人教育：现状、问题与推进策略. 中国电化教育，(12)：65-68.

郑剑春，赵亮. 2014. 乐高：实战EV3. 北京：清华大学出版社.

Murphy R R. 2004. 人工智能机器人学导论. 北京：电子工业出版社.

实验 32

机器人的常用结构

一、背景资料

近年来，新的一波工业浪潮随着人工智能、机器人和虚拟现实等科技的突破性发展，在世界范围内大有汹涌澎湃之势。为了促进制造业的发展和升级、应对世界的挑战，我国需要大批具有综合素质的优秀人才。

高等师范院校培养的大部分学生，未来都要走向各个层级的教师岗位，了解并掌握教育机器人，能够更好地激发学生的学习兴趣，培养学生的综合能力，也可以更大程度地提高课堂的互动性，是为青少年带来 STEAM(Science(科学)、Technology(技术)、Engineering(工程)、Arts(艺术)、Mathematics(数学))教育的极为有效的工具和手段。实践证明，教育机器人是帮助学生发展和提高综合素质的最佳平台。

在机器人设计中，机械结构是构成机器人运行系统的一个重要因素。因此，熟练掌握教育机器人的结构，对学生来说很有必要。有效地利用传动原理，可以起到事半功倍的效果。机器人要完成特定任务，首先要有相应的结构，然后才是通过编程实现相应的功能，可以说，没有结构的实现，再好的编程都难以完成其特定功能；换句话说，我们要根据特定任务设计相应的机器人以及机器人要完成的动作，每个任务和动作也有不同的实现方式，这个需要大家勤学多练。无论是插件式乐高机器人、VEX IQ 机器人，还是需要 DIY(自己动手制作)剪裁切割的 VEX EDR 机器人，其结构原理都是相同的，可以先从插件式乐高机器人开始结构设计与搭建，这种机器人常用结构件比较多，原理实现后再开始 DIY 设计，可以引入 3D 打印结构件。

学生通过本实验一起动手实践，同时结合对生活中的千斤顶、升降机等机械结构的认识，设计出各种各样的传动机构，了解其工作原理及优缺点，从而在现实生活中知道选用哪种传动结构能最有效地设计出实际机器人系统。

二、实验目的

(1) 理解并掌握齿轮传动结构原理；
(2) 熟悉并掌握蜗杆传动结构原理；
(3) 了解并掌握连杆传动结构原理；
(4) 理解基于任务设计机器人常用结构。

三、实验原理

利用齿轮、齿条、链轮、链条、轴等传动件，搭建一些常用的基本传动结构，如齿轮传动结构，链传动结构，蜗杆传动结构，连杆传动结构等，进而实现乐高、VEX IQ、VEX EDR 等各类教育机器人的运动传递。

四、实验器材

齿轮，齿条，链轮，链条，蜗轮、蜗杆支架和线性滑动件。圆柱外齿轮分齿数 12、36、60 等数种，齿冠齿轮齿数为 36。

连接件，包含 1×1 连接件、1×2 连接件和 2×2 连接件，不同长度的连接轴。

其他零件，如轮轴、横梁、插销等。

五、实验内容

1. 齿轮传动结构原理

齿轮传动是最常见的传动模式。齿轮和轴对于搭建乐高机器人是非常有帮助的。

标准乐高 NXT 电机全速运行的转速大约是 120 r/min。齿轮用于改变曲轴或轴间转动速度和扭矩，齿轮最重要的属性就是它的齿数。齿轮是根据齿数分类的，严格地讲，轴并不是齿轮，但是在必要时把它作为 4 齿齿轮使用。同样，8 齿旋钮也不是齿轮，但可以把它用作齿轮。只有 12 齿斜齿轮是 1/2 个基本单位厚度，其他都是一个基本单位厚度。齿轮通常不单独使用，其基本功能就是将运动从一根轴传到其他轴上。

几种常见的齿轮连接方式如图 32-1～图 32-4 所示。

图 32-1 利用齿轮改变转速

图 32-2 利用齿轮改变转动方向

图 32-3 利用齿轮改变传动比链条传动

图 32-4 利用齿轮传动的机械手

生活中搭建的四轮驱动机器人，车的底盘就采用了多个齿轮，将前轮、后轮组合在一起，形成四轮驱动，这是一种机动性能好且速度快的驱动方式。我们在乐高、VEX 机器人底盘上都采用了这种搭建方式，见图 32-5。

图 32-5 齿轮在机器人底盘中的运用

假如忽略摩擦，可以把齿数 n 和角速度ω之间的关系用下列公式来表达：

$$n_1\omega_1=n_2\omega_2$$

齿轮可以用来传递力，增加或者减缓速度，以及改变转动的方向。如果用大齿轮带动小齿轮，称为加速，因为小齿轮的转动速度比大齿轮快；反之，用小齿轮带动大齿轮，称为减速。如图 32-6 所示，8 齿齿轮的转速是 24 齿齿轮的 3 倍。

图 32-6 利用齿轮改变传动比

对于扭矩 T 和角速度ω之间的关系，也可以用公式来表示。已知扭矩 T、角速度ω，相互啮合的两个齿轮之间的扭矩和角速度用下列公式表示：

$$T_1\omega_1=T_2\omega_2$$

这个公式对于机械设计是非常重要的。如果想要增加扭矩，可以降低角速度；同样地，如果希望增加角速度，可以减小扭矩。如果要制作一辆可以爬坡的小车，应当选择转速慢的齿轮(慢角速度，大扭矩)。

结合以上两式，得到

$$T_1n_2=T_2n_1$$

所以，24 齿轮轴的扭矩是 8 齿轮轴的 3 倍。

还可以通过齿轮将旋转运动变为直线运动，见图 32-7。

图 32-7 用齿轮将旋转运动变为直线运动

齿轮结构的优点是：传动可靠，传动比为常数，传动的效率高。缺点是：配合精度低时，振动和噪声比较大；不宜用于轴间距离比较大的传动。

2．蜗杆传动结构原理

蜗杆是一种特殊齿轮，通常用于大比例减速和增加力矩的场合。蜗轮的另一个特性是它可以驱动齿轮(正齿轮)，但是齿轮不能驱动蜗轮，称为“自锁”，如图 32-8 所示，蜗杆传动是单向的，蜗轮的转速是齿轮的 24 倍。

图 32-8　蜗杆传动结构

蜗杆可以驱动蜗轮，可以把圆周运动变为直线运动，轴每转一周，将提升齿轮一个齿。

蜗杆传动的优点：①结构紧凑，能得到很大的单级传动比；②具有自锁功能。缺点：传动效率比齿轮传动低；当蜗杆传动一圈时，蜗轮只传动一格；蜗杆传动多用于减速，以蜗杆为原动件(主动件)。

3．连杆传动结构原理

连杆传动是由多个杆件组成的传动结构，可实现运动变换和动力传递。它能将旋转运动变为连杆的往复运动，或将杆的往复运动变为旋转运动。连杆传动结构的优点：运行平稳，安装精度不像齿轮那样严格。缺点：摩擦力大，不能精确传动。如图 32-9、图 32-10 所示，我们也把这种结构用在机械臂等结构上。

图 32-9　连杆传动结构

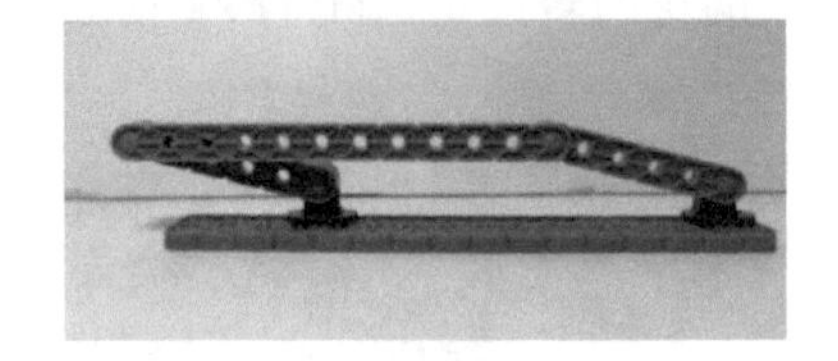

图 32-10 双曲柄结构

工业生产和日常生活中所见到的结构通常比上述的基本结构复杂，往往由多个简单结构组合构成，如图 32-11 所示。

乐高机器人、VEX IQ 机器人的插拔类零件都是塑料材质的，当阻力较大时，杆件的变形往往会导致结构运动受阻，可以通过增大结构刚度或调整结构运动幅度来解决。图 32-12 采用的结构就是利用弓形的交叉杆结构，它不仅可以用于左右延伸机器人的运行区域，如果将该结构竖直放置，也可以用于上下延伸、抬升的结构，延展的原理是相同的，这种结构具有结构简单、易于实现的特点。

图 32-11 生活中的复杂结构

图 32-12 弓形杆结构(左右伸展)

六、思考题

(1) 试将前述齿轮的减速装置改为多齿轮加速。

(2) 试想蜗杆传动结构、连杆传动结构在生活中的应用有哪些。

(3) 试比较齿轮传动结构与连杆传动结构的传动效率。

(4)思考如何设计一个可以拿起纸杯的机械手，有哪些种类的结构可以实现。

七、参考文献

王雪雁，贺敬良，郝南海. 2019. VEX IQ 机器人从新手到高手：搭建、编程与竞赛. 北京：化学工业出版社：28-37.

郑剑春，赵亮. 2014. 乐高：实战 EV3. 北京：清华大学出版社：20-25.

实验 33

卫星导航技术发展与应用

一、背景资料

全球导航卫星系统(global navigation satellite system，GNSS)是能在地球表面或近地空间的任何地点为用户提供全天候的三维坐标和速度以及时间信息的空基无线电导航定位系统。卫星导航定位技术目前已基本取代了地基无线电导航、传统大地测量和天文测量导航定位技术，并推动了大地测量与导航定位领域的全新发展。当今，GNSS 不仅是国家安全和经济的基础设施，也是体现现代化大国地位和综合国力的重要标志。由于其在政治、经济、军事等方面具有重要的意义，世界主要军事大国和经济体都在竞相发展独立自主的卫星导航系统。2007 年 4 月 14 日，我国成功发射了第一颗北斗卫星，2020 年 6 月第五十五颗北斗航卫星发射成功，2020 年 7 月 31 日北斗三号全球卫星导航系统正式开通。至此，美国 GPS、俄罗斯 GLONASS、中国北斗卫星导航系统和欧盟 GALILEO 四大 GNSS 陆续建成并迈进全球服务新时代。除了上述四大 GNSS 外，还包括区域系统和增强系统，其中区域系统有日本的 QZSS 和印度的 IRNSS，增强系统有美国的 WASS、日本的 MSAS、欧盟的 EGNOS、印度的 GAGAN 以及尼日利亚的 NIG-COMSAT-1 等。

卫星导航系统进入了一个全新的阶段。用户将面临四大 GNSS 近百颗导航卫星并存且相互兼容的局面。丰富的导航信息可以提高卫星导航的可用性、精确性、完备性以及可靠性，但与此同时也得面对频率资源竞争、卫星导航市场竞争、时间频率主导权竞争以及兼容和互操作争论等诸多问题。

我国的北斗系统具有以下特点：一是空间段采用三种轨道卫星组成的混合星座，与其他卫星导航系统相比，高轨卫星更多，抗遮挡能力强，尤其在低纬度地区，这一性能特点更为明显；二是北斗系统提供多个频点的导航信号，能够通过多频信号组合使用等方式提高服务精度；三是北斗系统创新融合了导航与通信能力，具有实时导航、快速定位、精确授时、位置报告和短报文通信服务五大功能。

二、实验目的

(1) 了解 GNSS 发展历程；

(2) 了解 GNSS 的定位原理；

(3) 掌握手持接收机的操作、数据的下载与可视化；

(4) 增强户外方位判断、认知与目的地导航能力。

三、实验原理

GNSS 手持机是利用 GNSS 基本原理设计而成的，支持四大卫星系统，是一种体积小巧、携带方便、独立使用的全天候实时导航定位设备。优质手持机必备的条件是：灵敏度高、存储量大、外部接口齐全。

GNSS 定位的原理是空间距离后方交会法，即天空运行的卫星位置及卫星与待测点之间的距离是已知的，通过距离后方交会，确定待测点的坐标。GNSS 手持机的基本功能有：定位，定向，导航，求算距离、面积等。

四、实验器材

数据采集：集思宝 G138BD 高性能北斗手持终端。

数据处理：台式计算机。

五、实验内容

1. 基本实验

(1) 熟悉手持终端的主要界面与功能。

(2) 熟悉设置选项及各参数的设置与意义。

(3) 点击设置图标进行参数设置：坐标设置、单位设置等；可根据不同的需要设置参数。坐标通常有地理坐标、投影坐标两种。

(4) 坐标可选定为地理坐标，根据需要，单位可选为度或度分、度分秒。

(5) 在校园行进过程中，将具有标志性的地物点或者需要的点位记录下来，可点击主界面上不同的图标：点图标存航点、线图标存航迹、面图标存面、导航设置导航点、量测工具可以进行长度和面积的量测等。

(6)点击存航点图标，会出现航点号和设置航点名称及符号的界面，可根据需要进行设置。

(7)点击存航迹图标，出现选择航点界面，可通过航点构成航迹。也可设置时间间隔自动记录航迹。

(8)点击求算面积图标，弹出开始按钮，点击“开始”，测量者沿着需测算面积绕行一周，点击“结束”按钮，弹出面积测量结果。

(9)数据线 USB 口接入计算机，下载数据。

(10)将数据存成 txt 文件或 kml/kmz 格式。

(11)将数据在在线地图平台或手持终端配套软件中打开就能将航点和航迹绘出，实现测量数据的可视化(图 33-1)。

图 33-1　数据采集结果展示图

2. 拓展训练

对学生进行分组，利用所学实验技能，完成教师安排的校园目标搜索实践。

(1)实验教师已提前在校园各个相对隐蔽处粘贴各种标识；

(2)提供学生关于不同目标任务的文档说明；

(3)学生根据文档里的信息描述，利用手持终端的定位、定向、测距、导航等功能，寻找隐蔽目标物；

(4)各小组团结协作，将全部目标标识信息标签取回，根据任务完成情况评定学生实验技能掌握情况。

六、思考题

(1)我国北斗卫星导航系统发展历程。

(2)手持终端的主要功能有哪些？

(3)对比手持终端与手机地图软件的定位精度差异。

七、参考文献

李天文. 2010. GPS 原理及应用. 北京：科学出版社.

宁津生，姚宜斌，张小红. 2013. 全球导航卫星系统发展综述. 导航定位学报，(1)：3-8.

西蒙·麦克尔罗伊，伊恩·罗宾斯，格伦·琼斯，等. 2009. GPS 实用宝典. 李冰皓，译. 北京：测绘出版社.

杨元喜，李金龙，王爱兵，等. 2014. 北斗区域卫星导航系统基本导航定位性能初步评估. 中国科学：地球科学，44(1)：72-81.

杨元喜. 2010. 北斗卫星导航系统的进展、贡献与挑战. 测绘学报，(1)：1-6.

张梦然. 2020. 和平利用外太空高质量服务全球. 科技日报，2020-08-04(002).

中华人民共和国国务院新闻办公室. 2016. 中国北斗卫星导航系统. 北京：人民出版社.

实验 34

地理信息可视化

一、背景资料

我们都有这样的体会，形象的、具体的、直观的事物要比抽象的事物更容易给我们留下深刻的印象。美国图论学者哈里有这样一句名言：“千言万语不及一张图”，说的就是这一道理。俗话说“百闻不如一见”，表达的也是这个意思。

可视化的直观理解就是转化为视觉所能感知。可视化的基本含义是将科学计算中产生的大量非直观的、抽象的数据，借助计算机图形学和图像处理等技术，以图形图像信息的形式，直观、形象地表达出来，并进行交互处理。

地理信息可视化，百度百科里的解释是将原有的地理信息数据转化为直观的图形、图像的一种综合技术，它可以动态、形象、多视角、全方位、多层面地描述客观现实，对于虚拟化研究、再现和预测地学现象都有突出的方法论意义。地理信息是地理数据所蕴含和表达的地理含义。地理数据是与地理环境要素有关的物质的数量、质量、分布特征、联系和规律等的数字、文字、图像和图形等的总称。例如，统计数据作为一种地理数据，与行政单元有关，多以表格形式发布，直观性不强，因此我们可以对其进行地理信息可视化。

数据就静静地待在我们生活的每一个角落。园子里已经果实累累，正等待着我们去采摘。对大多数人来说，真正有意思的并不是数据本身，而是数据背后蕴涵的信息。人们都希望知道他们的数据有何意义，而如果你能帮助他们，那么你就会大受欢迎。接下来，让我们一起开启此次实验之旅吧。

二、实验目的

(1) 了解地理信息以及地理信息可视化的基本知识；

(2)开拓数形结合思想的空间思维；

(3)掌握综合运用地理信息技术来实现可视化的步骤和方法；

(4)培养空间认知和读图分析能力。

三、实验原理

地理信息可视化的关键在于将存储在图形数据库中的空间图形数据和存储在属性数据库中的统计表格数据有序地连接起来，以实现统计数据在地图上的表达。因此，本实验的原理是通过对地理信息进行分类和编码，并以代码的形式表达，这些代码作为对地球表面上的各行政单元或研究区块的划分依据，而统计数据多是以行政单元为基本的统计单位，这样可实现以各行政单元的代码作为公共字段，从而使图形数据库和属性数据库中的各条记录有序地连接在一起。之后，综合运用二维和三维可视化方式来实现地理信息的可视化表达(图 34-1)。

四、实验器材

硬件：计算机(台式机或笔记本电脑)。

软件：Windows 操作系统(Win7 及以上版本)、Office 办公自动化软件、ArcView 地理信息系统软件。数据可从陕西师范大学地理信息系统精品课程网站下载。网址：http://gis.snnu.edu.cn。

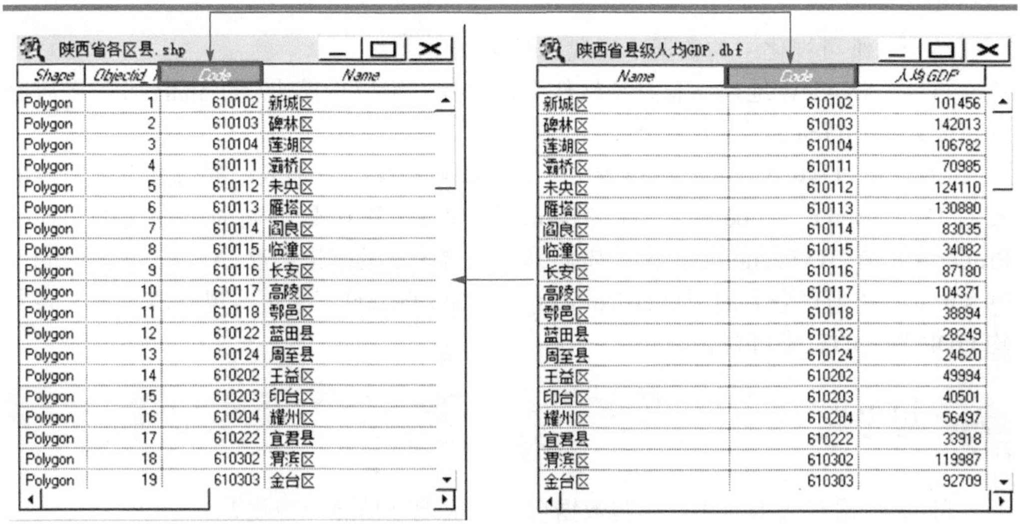

陕西省各区县.shp

Shape	Objectid_I	Code	Name
Polygon	1	610102	新城区
Polygon	2	610103	碑林区
Polygon	3	610104	莲湖区
Polygon	4	610111	灞桥区
Polygon	5	610112	未央区
Polygon	6	610113	雁塔区
Polygon	7	610114	阎良区
Polygon	8	610115	临潼区
Polygon	9	610116	长安区
Polygon	10	610117	高陵区
Polygon	11	610118	鄠邑区
Polygon	12	610122	蓝田县
Polygon	13	610124	周至县
Polygon	14	610202	王益区
Polygon	15	610203	印台区
Polygon	16	610204	耀州区
Polygon	17	610222	宜君县
Polygon	18	610302	渭滨区
Polygon	19	610303	金台区

陕西省县级人均GDP.dbf

Name	Code	人均GDP
新城区	610102	101456
碑林区	610103	142013
莲湖区	610104	106782
灞桥区	610111	70985
未央区	610112	124110
雁塔区	610113	130880
阎良区	610114	83035
临潼区	610115	34082
长安区	610116	87180
高陵区	610117	104371
鄠邑区	610118	38894
蓝田县	610122	28249
周至县	610124	24620
王益区	610202	49994
印台区	610203	40501
耀州区	610204	56497
宜君县	610222	33918
渭滨区	610302	119987
金台区	610303	92709

图 34-1 属性表连接的截图

五、实验内容

1. 基本实验

要求能熟悉 ArcView 地理信息系统软件的主界面与功能，并能掌握基本操作，实现地理信息的二维可视化。

(1) 运行 ArcView 地理信息系统软件，在 View 视图环境中加载陕西省县域地图数据。

(2) 在 Office 软件的 Excel 中打开事先从网上或者统计年鉴中获得的某年陕西省各区县的人均 GDP 数据，并将其另存为 dbf 格式的文件。

(3) 在 ArcView 地理信息系统软件中的 table 表格环境下，将第 (2) 步中获得的 dbf 格式文件加载其中。

(4) 在 ArcView 地理信息系统软件中的 table 表格环境下，选取公共字段"Code"，运用连接工具 (join)，实现第 (3) 步中获得的 dbf 格式文件对应的表格与陕西省县域地图数据中的 dbf 表格连接。

(5) 在 ArcView 地理信息系统软件中的 View 视图环境下，通过设置图例来实现二维可视化表达。

(6) 读图分析，畅谈陕西省县域经济空间差异。

2. 拓展实验

结合二维可视化中的数据，实现三维可视化。

(1) 在 ArcView 地理信息系统软件中，加载三维分析模块 (3D analyst)，之后启动三维场景 (3D Scene)。

(2) 在第 (1) 步打开的三维场景中，将二维可视化数据加入，并通过主题的特征设置 (3D Theme Properties，在 Theme 菜单下) 和场景的特征设置 (3D Scene Properties，在 3D Scene 菜单下)，先后分别调整图层的基准高度 (Assign base heights by surface) 和垂直夸大因子 (Vertical exaggeration factor)，即可实现陕西省各区县人均 GDP 数据的三维可视化。

六、思考题

(1) 大数据时代下，还有哪些数据可以实现地理信息可视化？

(2) 地理信息可视化后，我们还能从中挖掘出哪些更有价值的信息？

(3) 如何实现同学们的生源地信息在地图上的可视化？

七、参考文献

常晓勤. 1999. 地理信息可视化实现技术研究. 长沙：国防科技大学.

侯哲威，王青山，程辉. 2004. 基于 Java3D 的网络地理信息可视化. 测绘科学技术学报，21(4)：302-304.

芮小平，张彦敏，杨崇俊. 2003. 地理信息可视化关键性技术研究综述. 计算机工程，29(22)：1-2.

岳丽燕，胡文亮. 2003. 地理信息可视化研究. 河北师范大学学报(自然科学版)，27(4)：422-426.

Yau N. 2012. 鲜活的数据：数据可视化指南. 向怡宁，译. 北京：人民邮电出版社.

实验 35

奇妙的二进制

一、背景资料

计算机的发明与应用是20世纪第三次科技革命的重要标志之一。而数字计算机只能识别和处理由“0”和“1”符号串组成的代码，其运算模式就是二进制。二进制数据是用0和1两个数码来表示的数，它的基数为2，进位规则是“逢二进一”，借位规则是“借一当二”。二进制是18世纪由德国数理哲学大师莱布尼茨发明的。

最初的电子计算机使用电子管作为基本元件，电子管只有两种基本状态：开和关。也就是说，电子管的两种基本状态决定了以电子管为基础的电子计算机采用二进制来表示数字和数据。

早期设计并常用的进制主要是十进制，因为我们人类有十个手指，所以十进制是比较合理的选择，用手指可以表示十个数字，即1～10。0的概念直到很久以后才出现，所以，这十个数字是1～10而不是0～9。用二进制表示数据，数据串较长难以记忆。鉴于此，在计算机科学中，常使用十六进制，而不是人们熟知的十进制。这是因为十六进制和二进制有简单的联系，4位二进制数可以表示从0到15的数字，这刚好是1位十六进制数可以表示的数据。也就是说，将二进制转换成十六进制，只要每4位进行转换就可以了。

字节是计算机中基本的存储单位，由8位二进制数构成。根据计算机字长的不同，字具有不同的位数，现代计算机的字长一般是32位或64位的，也就是说，计算机CPU可以运算32位或64位的二进制数据。一个字节可以表示0～255的十进制数据。对于32位字长的现代计算机，一个字等于4个字节，可以表示的数据范围就更大了。

19世纪英国逻辑学家乔治·布尔(1815年11月2日生于英格兰的林肯，是19

世纪最重要的数学家之一，出版了《逻辑的数学分析》）把对逻辑命题的思考过程转化为对符号“0”和“1”的某种代数演算，这就是逻辑代数。逻辑代数是研究逻辑函数运算和化简的一种数学系统。逻辑函数的运算和化简是数字电路课程的基础，也是数字电路分析和设计的关键，它也是学习计算机原理的基础。逻辑函数是由逻辑变量、常量通过运算符连接起来的代数式，逻辑运算通常用来测试真假值。逻辑函数中的变量与普通代数中的变量一样，也可以用字母、符号、数字及其组合来表示，但它们之间有着本质区别，因为逻辑常量的取值只有两个，即 0 和 1，而没有中间值。在逻辑代数中，有与、或和非三种基本逻辑运算。表示逻辑运算的方法有多种，如语句描述、逻辑代数式、真值表和卡诺图等。

二、实验目的

(1) 了解二进制及其表示数据的方法；
(2) 掌握二进制数的运算规则；
(3) 学习逻辑运算方法，了解其应用。

三、实验原理

1. 二进制及运算

二进制数的表示方法及其与十进制数、十六进制数对照见表 35-1。

表 35-1　二进制数、十进制数和十六进制数对照表

二进制数	0000	0001	0010	0011	0100	0101	0110	0111	1000	1001	1010	1011	1100	1101	1110	1111
十进制数	0	1	2	3	4	5	6	7	8	9	10	11	12	13	14	15
十六进制数	0	1	2	3	4	5	6	7	8	9	A	B	C	D	E	F

二进制加法运算规则为

0+0=0，0+1=1，1+0=1，1+1=10

2. 逻辑运算

逻辑运算又称布尔运算，运算结果为 0 或 1。逻辑运算的三种基本运算是与、或和非，在 C 语言中，这三种运算符号分别用&、|和!表示。

与运算（逻辑乘法）规则为

0&0=0，0&1=0，1&0=0，1&1=1

或运算(逻辑加法)规则为

$$0|0=0，\ 0|1=1，\ 1|0=1，\ 1|1=1$$

非运算(逻辑否定)规则为

$$!0=1，\ !1=0$$

3. 译码器

典型的2线-4线译码器电路如图35-1所示，它也是最简单的译码器电路。左侧两个三角形状符号，一进一出，表示非运算电路；右侧四个半圆形符号，二进一出，表示与运算电路。真值表给出了输出逻辑与输入逻辑间的对应关系，逻辑函数是输出逻辑与输入逻辑间的逻辑表达式。

常见的译码器电路还有3线-8线译码器和4线-16线译码器。

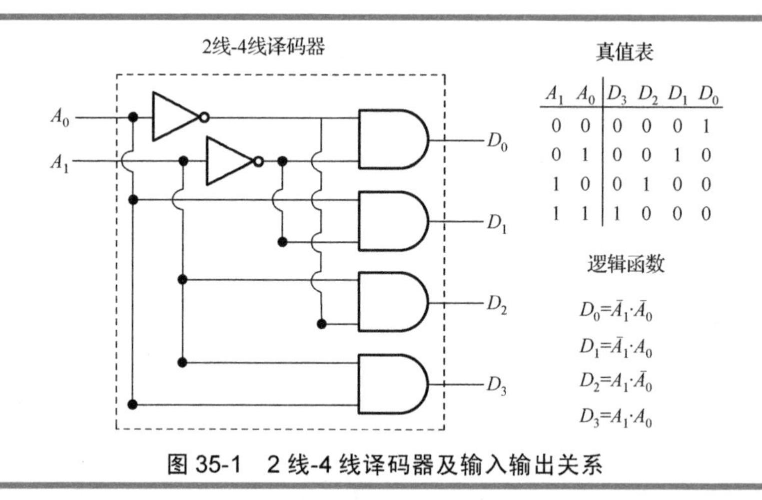

A_1	A_0	D_3	D_2	D_1	D_0
0	0	0	0	0	1
0	1	0	0	1	0
1	0	0	1	0	0
1	1	1	0	0	0

图35-1　2线-4线译码器及输入输出关系

四、实验器材

电源，二进制数累加器实验仪，逻辑运算实验仪，猜生肖实验仪等。

五、实验内容

1. 用8个发光管演示8位二进制数累加过程

二进制数累加器实验仪面板如图35-2所示。上面的8个圈是8个发光管，分别表示 8 位二进制数，最左边的发光管表示最高位，最右边的发光管表示最低位。发光管“点亮”表示该位为数字“1”，发光管“熄灭”表示该位为数字“0”。

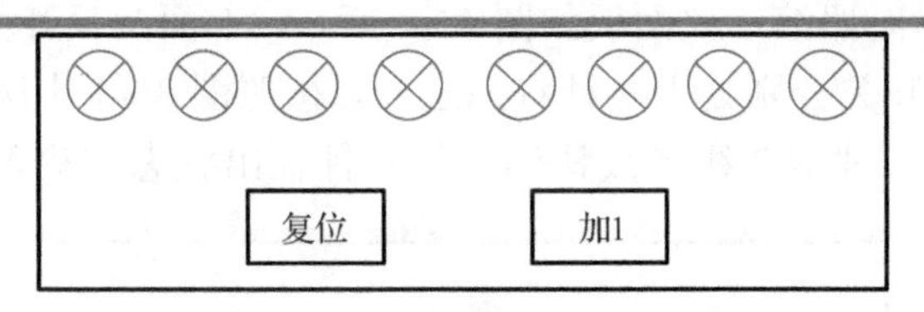

图 35-2　二进制数累加器实验仪面板

(1)练习手工进行二进制的加法运算。

(2)按动“复位”按钮，8 个发光管全部“熄灭”，开始新一次的累加运算。

(3)按动一次“加 1”按钮，哪一个发光管被“点亮”了？观察 8 个发光管所表示的二进制数是不是 1。

(4)再按动 1 次，2 次，…，n 次“加 1”按钮，观察 8 个发光管所表示的二进制数与你按动“加 1”按钮次数是否一致。

2. 猜猜是谁开的灯——逻辑运算演示

(1)逻辑“与”运算演示仪面板如图 35-3(a)所示。下面两只开关联合起来，共有 4 种(哪 4 种？)状态。只有两只开关都处于“开”状态，上面的灯才会被“点亮”，其他 3 种状态都不会点亮灯，如图 35-3(b)所示。

由两位同学分别控制两只开关，并保密各自开关的状态，其他同学根据灯被点亮与否，猜测两只开关各自处于哪种状态。

(2)逻辑“或”运算演示仪面板也如图 35-3(a)所示。下面两只开关联合起来，也同样有 4 种状态。只要其中 1 只开关处于“开”状态，上面的灯就会被“点亮”，如图 35-3(c)所示。

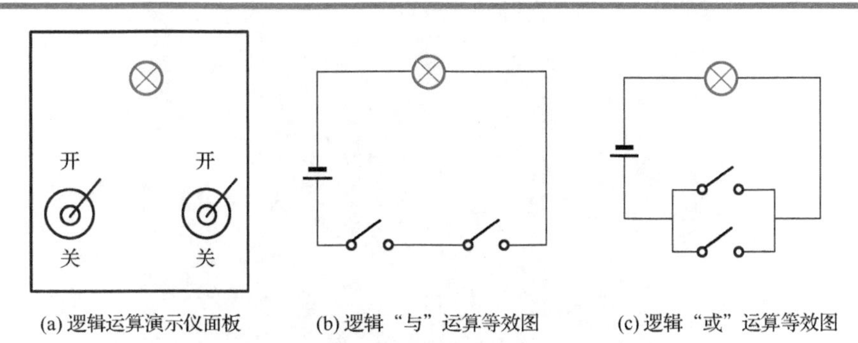

(a) 逻辑运算演示仪面板　(b) 逻辑“与”运算等效图　(c) 逻辑“或”运算等效图

图 35-3　逻辑运算演示仪面板及等效图

由两位同学分别控制两只开关，并保密各自开关的状态，其他同学根据灯被点亮与否，猜测两只开关各自处于哪种状态。

(3) 2 线-4 线译码器演示仪面板如图 35-4 所示。下面两只开关联合起来，共有 4 种状态。拨动两只开关分别处于 4 种状态之一，按照图 35-1 中所示的真值表，观察哪一只灯被点亮了。理解 2 线-4 线译码器的 4 种输出状态与输入状态的关系。

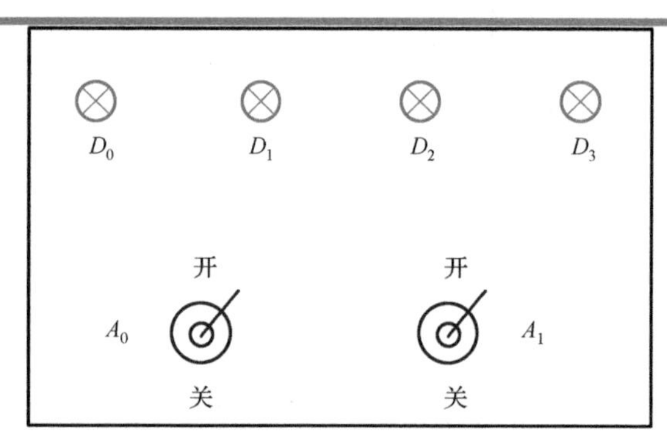

图 35-4　2 线-4 线译码器演示仪面板

3. 猜猜你的属相——译码器电路应用

猜生肖实验仪面板如图 35-5 所示，使用方法如下：

(1) 首先按动“复位”按钮，开始新的游戏。

(2) 仔细查看中间四个方形框，按下有你自己属相的那个方框下的按钮。

(3) 按动“确定”按钮。

(4) 看看周围 12 个属相哪一个被点亮了，是否猜对了你的属相。

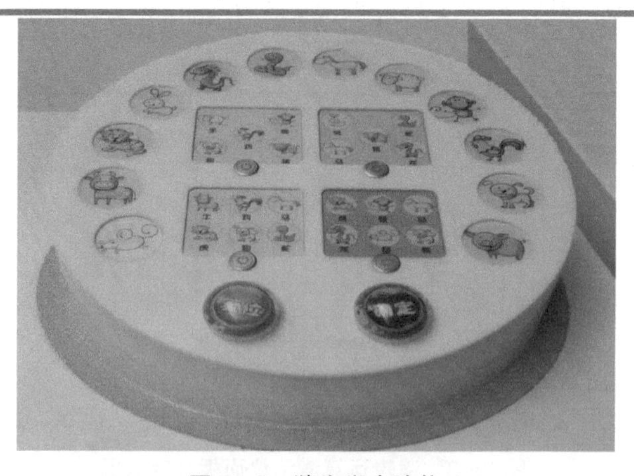

图 35-5　猜生肖实验仪

实验原理中提到常见的译码器有三种，猜生肖实验仪利用的是哪一种电路？查阅资料，试分析其译码原理。

六、思考题

(1) 计算机中的硬盘就是利用有无磁化来表示和记录二进制“0”和“1”的。列举生活中与二进制有关的一些事物。

(2) 你熟悉计算机 C 语言吗？能否用 C 语言编写程序，模拟 8 位二进制数累加过程？

(3) 查阅资料，了解“异或”与“同或”逻辑运算。

七、参考文献

何军，康景利. 2002. 条形码的计算机编码与识别. 计算机测量与控制，4(10): 263-266.

刘鹏林. 2003. 浅谈计算机采用二进制编码的合理性. 三明学院学报，4(20): 70-72.

实验 36

光纤的导光原理

一、背景资料

光，看似平常却不平常，很久以来，人们一直无法捕捉和驯服它。从 1841 年开始，有科学家尝试用玻璃棒甚至水柱来制造传输光的通道。在 1889 年的巴黎世博会上，人们终于见到了由传导光线的水流组成的缤纷的瀑布，它吸引了无数人的眼球。后来玻璃光纤被应用于内窥镜，使光的传输拥有了更实际的意义。遗憾的是，当时光纤的使用只限于医疗等有限领域。科学家们并不甘心光纤的这种有限作用，希望能将光纤应用到通信等领域。最直观的效益是玻璃光纤的材料几乎就是“石头”，比铜作导体要廉价得多。可惜的是，在当时(高锟之前)，虽几经努力，但这廉价的“石头”还是让人失望，原因在于若光在玻璃光纤中传输，会产生剧烈的衰减，以传输 1000 m 为例，当到达终点时，它已衰减到原来的一百亿分之一。如此可怕的衰减，使多少科学家望而却步。华裔科学家高锟抓住“如何降低光在光纤中产生的剧烈衰减”进行了大量深入细致的研究，并排除了一系列影响因素。最终，他证明玻璃中的离子杂质对光的衰减起着决定性作用。同时，高锟还发现了最适合长距离传输的光的波长。1966 年 7 月，他将研究的惊人结果昭示于世，并于 2009 年获得诺贝尔物理学奖。

通常可把光纤分成两大类：一类是通信用光纤，另一类是非通信用光纤。前者主要用于光纤通信系统之中，后者则在光纤传感、光纤信号处理、光纤测量及各种常规光学系统中应用。

光纤技术发展到今天，与传输电信号的传统电缆相比，具有传统电缆无法比拟的优点，主要表现在：传输频带宽，速率高；传输损耗低，传输距离远；抗雷电和电磁干扰性好；保密性好，不易被窃听或截获数据；传输的误码率很低，可靠性高；

成本低、体积小和重量轻等。光纤的缺点是接续困难，光接口比较昂贵。目前，光纤几乎与我们的日常生活息息相关，已经成为有线通信领域的主导技术。

二、实验目的

(1) 理解光导纤维的基本结构；

(2) 认识光可在弯曲柱状导光体中传输的物理现象；

(3) 了解实现光纤导光的条件。

三、实验器材

光纤样品、绿色激光器、弯曲流动水柱光传输演示装置、光纤导光原理演示装置、显微镜和光纤剥线钳。

为了保证实验效果，要求在较暗的环境下进行实验。

四、实验内容

(1) 观察光导纤维的基本结构。用光纤剥线钳“解剖(剥离)”光纤样品，先剥离光纤外红色涂覆层，再剥离涂覆层与纤芯之间的包层，然后用显微镜观察经剥离的光纤，即可看到如图 36-1 所示的光纤的基本结构。

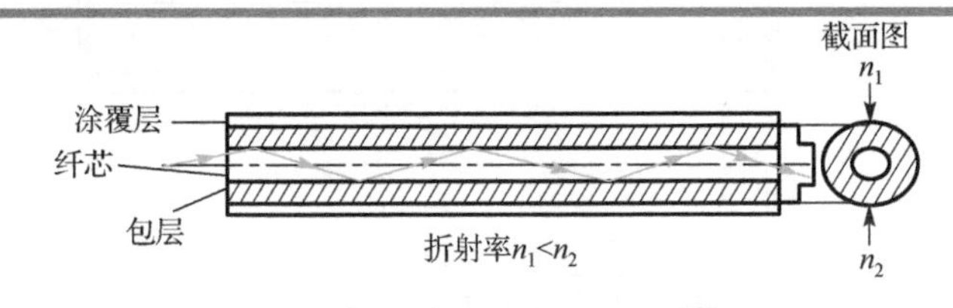

图 36-1　光纤结构示意图

通过观察，认识光纤的基本结构及纤芯、包层和涂覆层各部分的功能与对材料折射率的要求。

(2) 利用图 36-2 所示的弯曲流动水柱导光传输演示装置，观察光束在自然弯曲水柱中的传输情况，以此解析光纤的导光原理。

在图 36-2 所示的透明水箱中，要求激光器出射的激光束水平穿过水箱。移动激光器，当激光束没有正对出水孔时，激光束穿过水箱，仍沿水平直线向前传输；当激光器正对出水孔时，激光束从出水孔穿过，被约束在流动水柱中，弯曲传输至水的跌落处。

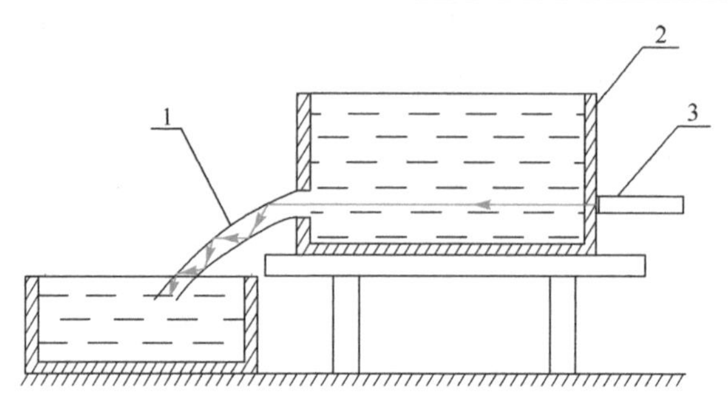

图 36-2　弯曲流动水柱导光传输演示装置
1-水柱；2-水箱；3-半导体激光器

光在流动水柱中的传输原理，基于光在水柱与空气界面的全反射。由于空气的折射率(约等于 1)小于水的折射率(约等于 1.333)，因此光束在从水中到达水与空气的界面时，很容易发生全反射，光线被多次反射，“限制”在流动水柱中，并以折线形式传输，这就是光纤的导光原理。

(3)利用图 36-3 所示光纤导光原理演示装置，观察激光束在有机玻璃-水界面上的反射、折射现象，观察激光束在界面上的入射角对有机玻璃导光条光传输的影响，学习全反射临界角的物理含义。

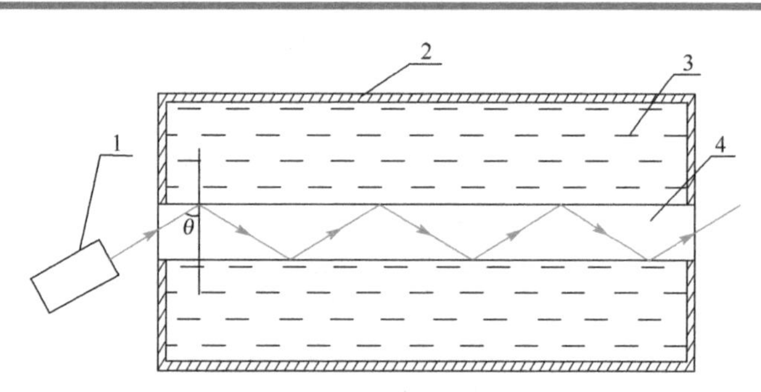

图 36-3　光纤导光原理演示装置
1-激光器；2-水槽；3-自来水；4-导光条

在图 36-3 所示的光纤导光原理演示装置中，注水至淹没位于水槽中部的有机玻璃导光条，即有机玻璃导光条(相当于光纤的纤芯)的外围介质为水(相当于光纤的包层)，由于水的折射率(约等于 1.333)小于有机玻璃的折射率(约等于 1.493)，因此，已满足了光纤导光的条件之一。

在图 36-3 所示的装置中，激光器出射的激光束由有机玻璃导光条的一端，以较小的入射角斜射到有机玻璃导光条侧壁与水的界面上，观察、比较激光束在界面上的反射角和折射角的大小。缓慢增大激光束在界面上的入射角，水中的折射光逐渐向有机玻璃导光条的表面靠拢，当入射角增大到某一值时，水中的折射光消失，有机玻璃导光条内反射光的亮度突然增大。这时激光束在界面上的入射角即为全反射临界角。激光束的入射角达到等于或大于临界角后，激光束被完全“限制”在有机玻璃导光条内，折线传输。

(4)观察激光束在水-有机玻璃界面上的反射、折射现象，直观感受光线由从水(光疏介质)斜射入有机玻璃(光密介质)不可能发生全反射的物理原理(图 36-4)。

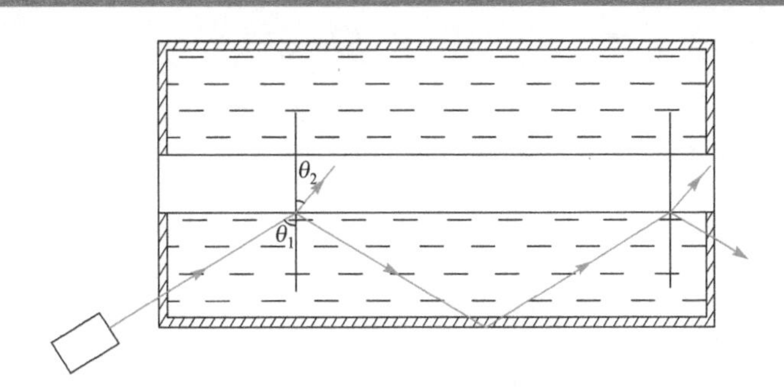

图 36-4　激光束在水-有机玻璃界面上反射、折射观察装置

按图 36-4 所示光路，使激光器出射的激光束通过水槽中的水，斜射到有机玻璃导光条与水的界面上，改变激光束在水-有机玻璃界面上的入射角，观察到激光束的入射角始终大于在有机玻璃导光条中的折射角，因此不可能发生全反射。

通过对上述实验现象的观察，学习光纤高效导光的两个基本条件的物理内涵：

(a)纤芯外包层的折射率必须小于纤芯的折射率。

(b)光线在纤芯与包层界面上的入射角必须不小于临界角。

五、思考题

(1)光纤在使用中为什么不能任意弯曲？

(2)为什么光纤包层的折射率必须小于纤芯的折射率，否则光纤就无法导光？

(3)光纤有哪些电缆不可替代的优点？

六、参考文献

郭奕玲，杨晓段. 1996. 光纤通信三十年. 现代物理知识，8(5)：28-30.

王应吾. 2010. 光射线在光纤中的传输. 同煤科技，(4)：21-23.

吴沅. 2010. 光纤：划时代的发明. 科学 24 小时，(1)：13-15.

杨建邺. 2012. 高锟：用光取代电子. 自然与科技，(6)：55-59.
杨晓段，陈鸿林. 1997a. 飞速发展的光纤通信. 物理通报，(6)：43-45.
杨晓段，陈鸿林. 1997b. 光纤通信飞速发展的 30 年. 大学物理，16(8)：38-40.
张迪，类维平，段福莲. 2008. 光纤通信是如何实现的. 中学物理：高中版，(2)：54-56.

实验 37

光盘中的奥秘

一、背景资料

光盘是人们日常生活中接触较多的信息载体之一。由于其独特的信息存储方式与数据保存的稳定性和安全性，具有 U 盘所不具备的特点。光盘给人们的直观感受是在太阳光下可看到“五彩缤纷”的色彩，但其“几何感观”又是一个完全的“平面”。探讨形成这种光学现象的物理原理，揭示光盘中的物理奥秘，具有重要的意义。

光盘是一种高科技的数据存储产品，由基板、记录层、反射层、保护层、印刷层等构成。其存储原理主要是根据光盘上凹坑和未烧蚀区对光反射能力的差异，记录了数字信息“1”和“0”，再利用激光读出信息。

光盘上的信息是通过压制在光盘上的细小坑点来存储的，并由坑点和坑点之间的平台组成了由里向外分布的螺旋光道。当激光光斑扫描这些坑点组成的光道时，就读出了存储的信息。CD 光盘的两个相邻螺旋光道的间距约为 1.6 μm，相当于 160000TPI (每英寸轨道数) 的道密度，并且其最小记录点长度为 0.83 μm。而 4.7 GB 容量的 DVD 光盘信息面上的“光道间距”为 0.74 μm，并且其最小记录点长度为 0.4 μm，如图 37-1 所示。如此小的光道间距与光栅通常的数量级相当，因此光盘在激光的照射下会像反射光栅一样发生光栅衍射现象。

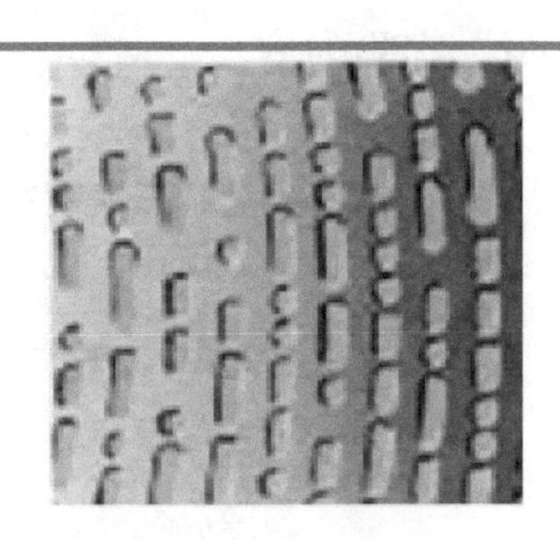

图 37-1 光盘表面结构

光盘表面的结构如图 37-1 所示，横截面结构如图 37-2 所示。

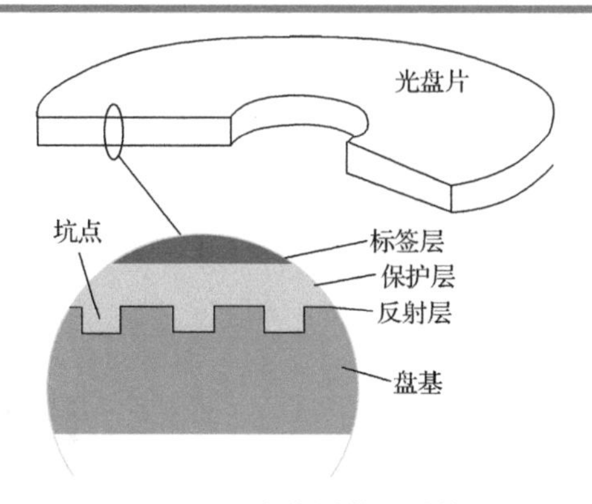

图 37-2 光盘横截面结构

二、实验目的

(1) 了解光盘的基本结构；
(2) 掌握光盘的信息存储和读取方式；
(3) 理解 CD、DVD 光盘信息量不同的原因。

三、实验器材

有机玻璃三棱镜、绿色激光器、激光笔、平面镜、CD 光盘、DVD 光盘、日光灯、透明有机玻璃水槽、铁台架组件和三角板。

为了保证实验效果，要求在较暗的环境下进行实验。

四、实验内容

1. 观察光盘、三棱镜在阳光或者日光灯照射下所呈现的色彩

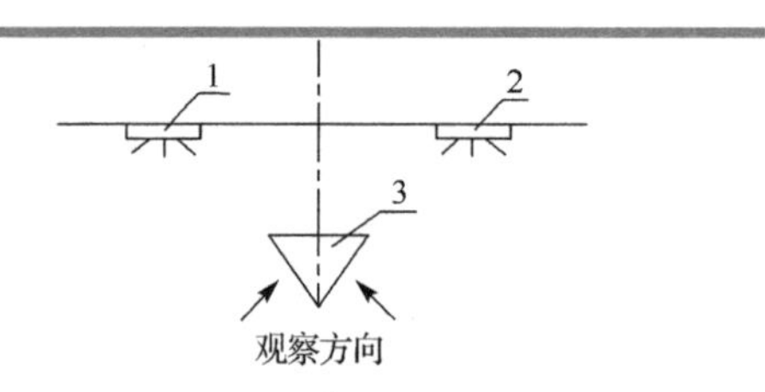

图 37-3 透过三棱镜观察日光灯折射分光的光路
1、2-日光灯；3-三棱镜

(1) 透过三棱镜，观察日光灯的折射色彩；

(2) 将光盘放置在实验台的台面上，从不同角度观察光盘在自然光或日光灯照射下所呈现的色彩及色彩分布的特点。

按图 37-3 所示光路，实验者站立

在实验室两组平行的日光灯之间的正中下，手持并高举有机玻璃三棱镜，使三棱镜的一个面与天花板平行，并使三棱镜的中轴线与日光灯管平行，从图 37-3 所示方向，观察日光灯的折射色彩。

比较通过光盘、三棱镜所观察到色彩现象的异同点，基于中学阶段已知的三棱镜分光原理，即可判断出光盘在日光灯下呈现的色彩来自对日光灯辐射光的反射衍射。

2. 观察光盘信息面与平面镜反射特性的区别

(1) 手持激光笔，将激光束分别入射于放置于实验台上的光盘与平面镜，观察光盘与平面镜各自反射光在天花板上投射点的多少，根据光盘的“背景知识”，即可看出看似镜面的光盘信息面与平面镜的结构区别；

(2) 移动激光束在光盘上的入射点，观察反射光在天花板上投射点的移动变化情况，即可初步判断光盘信息面的基本结构。

3. 不同容量光盘的比较

选取 CD、DVD 两种光盘，手持激光笔，使激光束垂直入射 CD、DVD 光盘信息面，观察比较两种光盘反射光在天花板上投射点的多少，根据光盘的“背景知识”，分析其差异的原因。

4. 光盘反射衍射现象的直观演示与定量测量

(1) 在图 37-4 所示实验装置中，注入约 15 cm 深的自来水，并将水箱调整至水平位置。分别将 CD、DVD 光盘的信息面向上，沉浸于有机玻璃水槽的底部，固定在支架上的激光器出射的激光束垂直入射于光盘信息面上，从水槽的侧面观察入射激

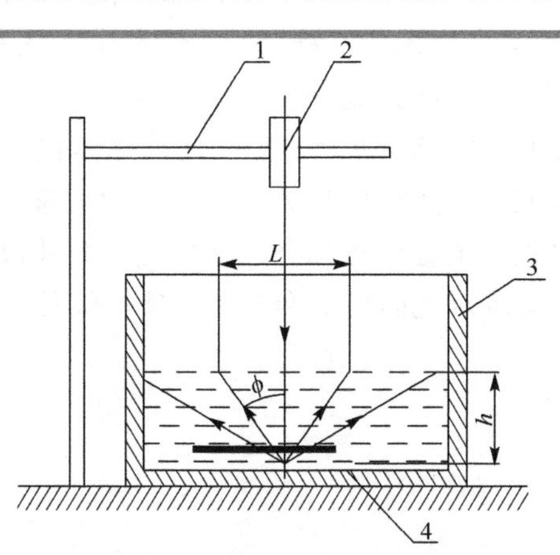

图 37-4　光盘反射衍射特性实验装置

1-支架；2-激光器；3-水槽；4-光盘

光束和多束反射激光束在水中的径迹，即可看到关于入射激光束对称的多束反射光。

(2)在图 37-4 中，测量入射激光束相邻两侧反射衍射光束与水面交点间的距离 L 和光盘信息面上方水的深度 h。

则第一级衍射条纹的衍射角满足

$$\sin\phi = \frac{L}{\sqrt{4h^2 + L^2}} \tag{1}$$

根据光栅方程

$$d \cdot n\sin\phi_k = k\lambda \quad (k=0,1,2,\cdots) \tag{2}$$

计算光盘信息面上“光道宽度(光栅常数)” d

$$d = \frac{\lambda\sqrt{4h^2 + L^2}}{nL} \tag{3}$$

(2)、(3)式中 n 为水的折射率，取 n=1.333。

五、思考题

(1)肥皂泡上的色彩与光盘上形成色彩的原理有什么不同？

(2)刻录好的光盘在使用中有没有感染计算机病毒的可能？

六、参考文献

陈垦. 2004a. 光盘技术中的光学基础. 记录媒体技术，(4)：59-64.

陈垦. 2004b. 光盘技术中的光学基础(续). 记录媒体技术，(5)：59-64.

陈垦. 2004c. 光盘技术中的光学基础(续). 记录媒体技术，(6)：59-64.

陈垦. 2005. 光盘技术中的光学基础(续). 记录媒体技术，(1)：59-64.

王文麒，乐永康. 2013. 光盘结构及实验中的光学现象. 物理实验，(4)：44-47.

袁圣宝，张忠麟. 1992. 光盘中的几个光学问题. 工科物理，(4)：41-45.

张洪亚. 1994. 用光盘演示光的衍射和光谱. 教学仪器与实验，(1)：36-37.

实验 38

论文中特定信息的编辑与排版

一、背景资料

在信息技术高度发达的今天，应用型文档的编写是日常生活中必不可少的一部分。对于在校大学生来说，毕业论文是每个人都必须独立完成的非常典型的应用文档之一，其中除了专业知识，文档的格式编排也是非常重要的。从标点符号到目录、注释输入，论文的修改等都可以通过 Office 的高级功能来实现，达到事半功倍的效果。

二、实验目的

(1) 使用查找、替换实现标点符号及段落标记的编辑；
(2) 掌握图、表自动编号及自动页眉页脚的插入方法；
(3) 能够插入自动目录、注释及参考文献；
(4) 利用“域”输入一些有趣的文本格式。

三、实验准备

(1) 检查机房硬件及网络；
(2) 连通 FTP 服务器或网络教室，调试 Office 2010；
(3) 准备实验素材：编辑前的 Word 文档及图片素材。

四、实验内容

(1) 通过 FTP 服务器或网络教室获取实验素材(未经排版的文档及其他素材文

件)，使用 Word 2010 打开文档。

(2)将论文中的英文标点符号替换为中文标点符号，将换行符替换为段落标记，具体操作如下：

(a)选择“开始”选项卡的“编辑”组中的“替换”命令，在打开对话框的“查找内容”框输入英文的逗号，在“替换为”框输入中文逗号，然后单击“查找下一处”，当光标定位处需要替换时，再单击“替换”按钮。这样可以有选择地进行替换。

(b)重复步骤(a)，将英文句号替换为中文句号。

(c)选择“开始”选项卡的“编辑”组中的“替换”命令，将光标定位在如图 38-1 所示对话框的“查找内容”框中，单击“特殊格式”按钮，选择“手动换行符”，输入换行符，在“替换为”框通过“特殊格式”输入段落标记，然后再单击“全部替换”按钮。

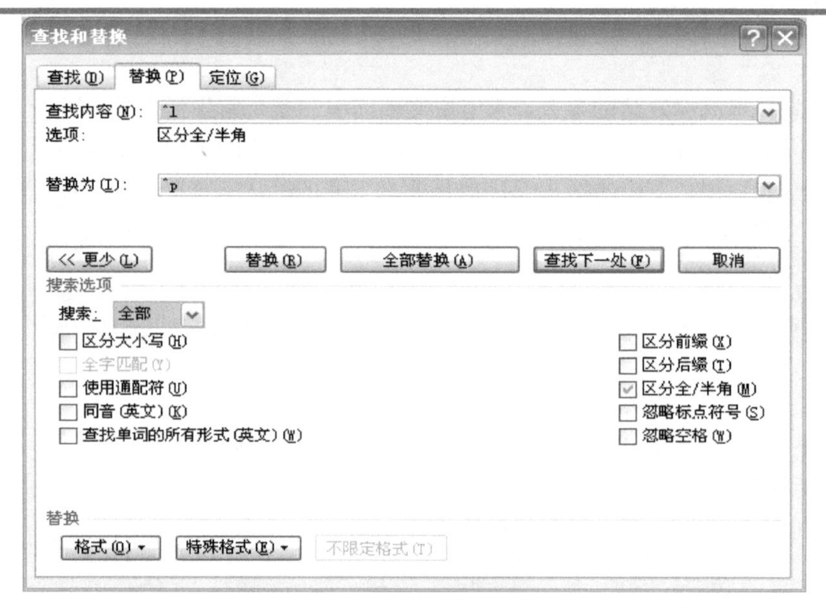

图 38-1 “查找和替换”对话框

(3)通过“题注”给图片添加自动编号，如果修改文档时增加或删除了图片，其他图片编号会自动更新，具体操作如下：

(a)新建一 Word 文档，插入三张剪贴画。

(b)单击第一张图片，选择“引用”选项卡“题注”组中“插入题注”命令，打开的“题注”对话框设置如图 38-2 所示，也可以单击“新建标签”，创建一种新的标签样式，然后单击“确定”，则第一张图片下方自动加上编号“图 1-1”。

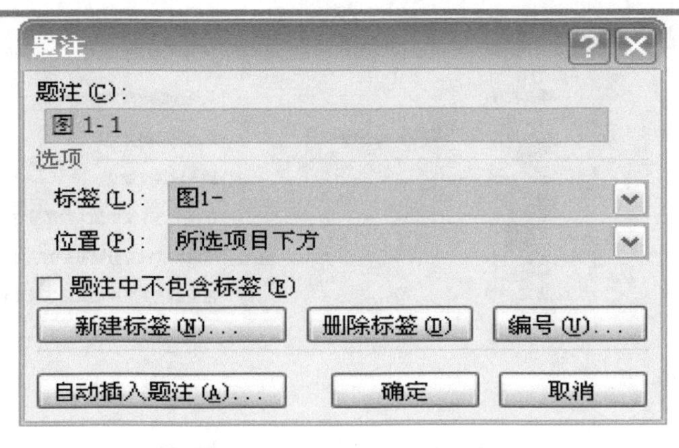

图 38-2　“题注”对话框

(c) 分别选择第二和第三张图片，用同样的方法插入题注，则三张图片会自动按照顺序分别编号为图 1-1、图 1-2 和图 1-3。

(d) 在第二张图片和第三张图片之间插入一张新的图片，然后选择新图片，插入题注，则新图片会自动编号为图 1-3，原来的图 1-3 自动更新为图 1-4。

(e) 选择图 1-2，将其连同编号一起删除，后边的编号不会自动更新。这时，需要手动更新，有三种方法：

方法一，单击“文件”选项卡下的“打印”命令，文件中所有域在打印前都会自动更新；

方法二，分别选择每一个图片编号，单击右键，在快捷菜单选择“更新域”；

方法三，用“Ctrl+A”选择所有内容，按“F9”更新域。

(4) 提取章节标题作为文档的页眉页脚，当标题修改后，页眉页脚能够自动更新，此处只介绍自动页眉的操作方法，页脚与页眉的操作相同。添加自动页眉的具体操作如下：

(a) 单击“插入”选项的“页眉和页脚”组中的“页眉”按钮，在打开的下拉菜单中选择“插入文档标题”的内置页眉样式，则文档标题自动显示在页眉位置，自行设置页眉文字的格式。

(b) 在正文部分双击，修改文档的标题，再双击页眉位置，切换至页眉编辑状态，观察页眉的变化。

(c) 当每一章需要设置不同的页眉(以章标题为页眉)时，先将每一章的标题设置成统一标题样式(如将每一章的标题设置成“标题”样式)，然后在“插入”选项的“文本”组中的“文档部件”中选择“域…”命令，在打开的对话框进行如图 38-3 所示的设置即可。

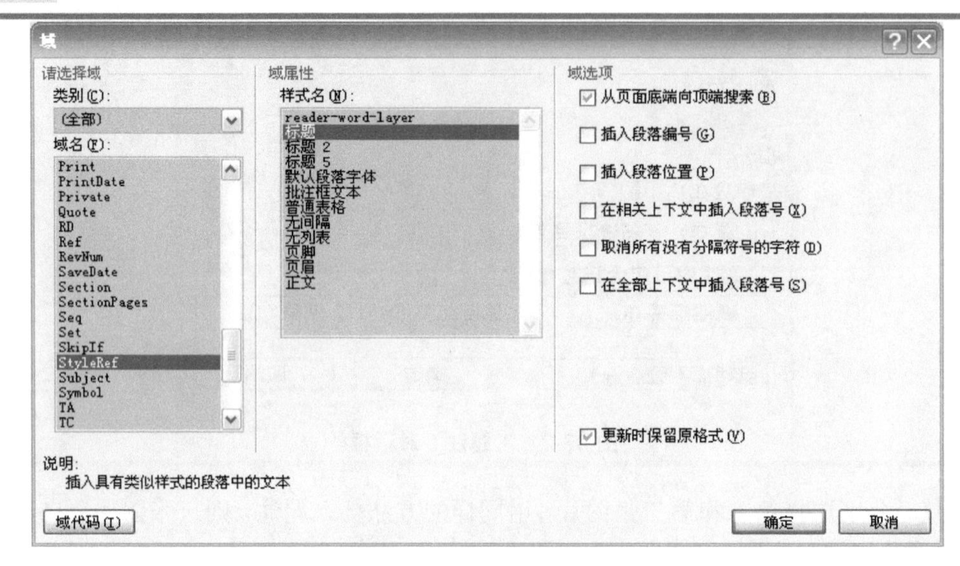

图 38-3 “域”对话框设置

(5)在每页的底端给文字添加注释，具体操作如下：

选中需要注释的文字，单击“引用”选项卡中的“脚注”组右下角的箭头按钮，打开的“脚注和尾注”对话框如图 38-4 所示，在“位置”项选择“脚注”单选框(默认脚注的插入位置在页面底端)，在“编号格式”下拉框选择“①，②，③，…”格式，然后单击“插入”按钮，光标会自动转向页面底端，输入关于该文字的注释说明。此时，文中加脚注的文字后会显示一个很小的数字编号，对应页面底端的注释项，当鼠标指向带有脚注的文字时，鼠标位置会自动显示该注释。

脚注和尾注
位置
脚注(F): 页面底端
尾注(E): 文档结尾
转换(C)...
格式
编号格式(N): ①, ②, ③ …
自定义标记(U): 符号(Y)...
起始编号(S): ①
编号(M): 连续
应用更改
将更改应用于(P): 整篇文档
插入(I) 取消 应用(A)

图 38-4 “脚注和尾注”对话框

(6) 在文章末尾添加参考文献，具体过程如下：

(a) 光标定位在文中引用参考文献处，单击“引用”选项卡的“脚注”组右下角的箭头，打开的“脚注和尾注”对话框如图 38-4 所示，在“位置”项选择“尾注”单选框，在“编号格式”框选择“1，2，3，…”，然后单击“插入”按钮。此时，会在当前位置添加一个数字上标，同时，光标自动跳到文章末尾，输入参考文献。通过双击尾注编号可以在正文引用处和参考文献之间自由切换。

(b) 当文章中再次引用参考文献中已经存在的项目时，只需通过“插入”或“引用”选项卡中的“交叉引用”插入文献的编号，然后将其设置为上标即可。

(c) 如需要将参考文献编号由数字“1”替换为“[1]”，可使用查找替换功能，在“查找内容”框输入“^e”，在“替换为”中输入“[^&]”，然后逐个查找替换。

(7) 使用“样式”功能在文档中生成自动目录结构，具体操作过程如下：

(a) 选择论文中一级标题，在“开始”选项卡中的“样式”组中单击选择某一标题样式，如“标题 1”。然后依次将所有一级标题样式都设置为“标题 1”。

(b) 用 (a) 同样的方法将二级标题设置为统一的样式“标题 2”，将所有的三级标题设置为“标题 4”。

如果需要修改某一标题格式，可以在选定的标题上右击，选择“修改”来修改标题的样式。

(c) 光标定位在要插入目录的位置，单击“引用”选项卡的“目录”组中的“目录”按钮，选择“插入目录”命令，打开如图 38-5 所示的“目录”对话框。

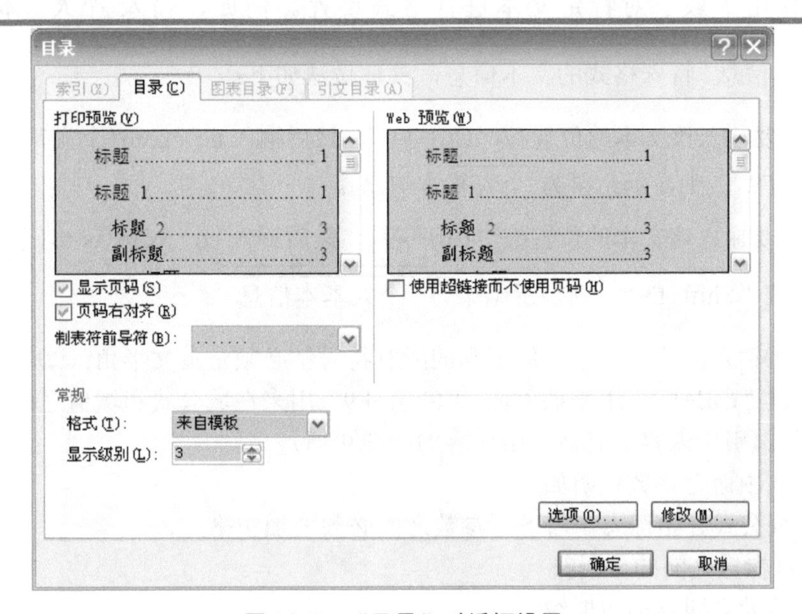

图 38-5　“目录”对话框设置

(d)单击右下角的“选项”命令按钮，打开“目录选项”对话框，在每一级标题后边设置对应的目录级别(图 38-6)，没用到的标题(如标题 3)后边的目录级别可直接删除，然后单击“确定”按钮，返回“目录”对话框，再单击“确定”按钮，即可在指定位置插入目录。

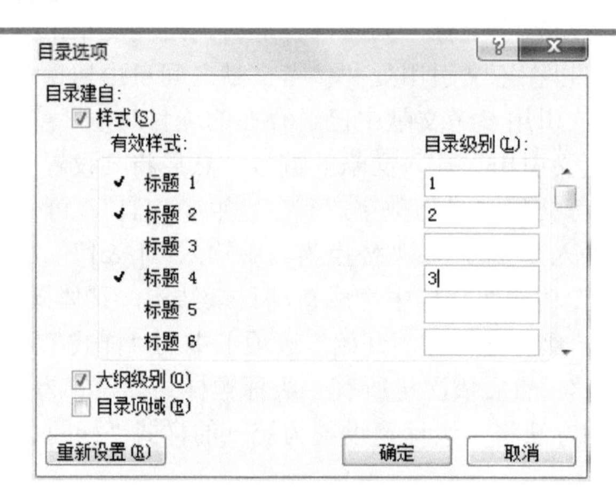

图 38-6 “目录选项”对话框

当正文中标题内容及页码发生变化时，只需选中目录，按“F9”更新域即可。通过“目录”对话框中的“修改”命令可以修改目录的显示格式。

(8)使用“域”对特定文本进行格式设置。例如，输入 个人基本信息 或 个人基本信息 特殊格式的文本信息，具体做法如下：

(a)在要输入该文本的位置按“Ctrl+F9”，然后输入 eq \x\to(个人基本信息)，按“Shift+F9”，则显示结果为 个人基本信息 。

(b)在要输入该文本的位置按“Ctrl+F9”，然后输入 eq \x\to(\x\to(个人基本信息))，再按“Shift+F9”，则显示结果为 个人基本信息 。

注：①输入的域公式中，使用到的所有符号都必须是英文半角；②域公式输入中，快捷键“Ctrl+F9”用来插入域，“Shift+F9”用来在域公式和域值之间切换，F9 用来更新域(引用内容随着被引用内容的改变更新)。

域公式中命令参数说明如下：

eq 域公式开始标志，与下一参数之间必须要加空格

\ 域参数之间的分隔符

x 给元素四周加边框线

to 给元素上方加边框线，即 Top。同样，用 bo(下方)、le(左方)、ri(右方)可

以给元素任意方向加边框线

关于“域”的命令参数还有很多，大家可以查阅相关资料，输入很多有用也很有趣的文字格式，比如，要输入分数显示为“$\frac{1}{2}$”，只需按“Ctrl+F9”，然后输入“域”代码 eq \f(1,2)；输入“$\sqrt[3]{7}$”的“域”代码为 eq \r(3,7)。

五、思考题

(1) 对 Word 素材文档进行编辑修改，按要求添加目录及图片说明。

(2) 自己查阅参考资料，了解有关“域”的更多命令参数的含义。

六、参考文献

蒋斌，单天德. 2013. 计算机二级考试指导书：办公软件高级应用 Windows 7+ Office 2010. 杭州：浙江大学出版社：20-33.

实验39

网络信息资源的快速获取与识别

一、背景资料

当今时代，信息量以指数级的速度增长，其速度比人类想象的要快得多，并以浪潮式从四面八方涌入人们的生活，其特点是数量巨大、良莠不齐。出现这样的信息爆炸的原因有很多：

(1) 由广播、电视、卫星、电子计算机等技术手段形成了微波、光纤通信网络，克服了传统的时间和空间障碍，将世界更进一步地联为一体。

(2) 互联网的出现使得信息采集传播的速度和规模达到空前的水平，实现了全球的信息共享与交互。

(3) 现代科学技术发展的速度越来越快，新的科技知识和信息量迅猛增加。

(4) 信息缺乏管理或管理不善，信息的发布、传播失去控制，产生了大量虚假信息、无用信息。

(5) 计算机病毒造成的错误信息。

(6) 网络上的垃圾站点散布的不健康信息。

正因为如此，从浩如烟海的信息海洋中迅速而准确地获取自己最需要的信息，变得非常困难。在进入网络时代以前，各个行业普遍感到存在信息匮乏的问题，主要是由于缺乏信息交流的方式。互联网的出现在很大程度上解决了这一问题，但很多人仍感到缺乏他们所需要的信息。真正的问题在于人们如何在如此大的信息海洋里找到他们所需要的准确信息。因此，“搜索引擎”便成为互联网发展的关键性条件。正如大海里蕴藏了丰富的资源，人们却因为没有先进的工具而无法获得和利用这些资源。互联网作为一个信息的海洋，人们用浏览器挨个网页寻找将很难找到准确的信息，只能是浪费大量的时间和网络资源。“搜索引擎”将互联网中对使用者有用的信息提取出来，无异于从互联网中提炼真金。

对于学习者而言，学习方式的转变带来更为快速的学习节奏，面对大量的问题和未知的资讯，仅仅依靠书本或长时间地翻阅和查找资料，不但费时，而且效果往往不理想。使用搜索引擎能充分利用网络信息极其丰富的特点，将其作为学习的一种辅助手段，从而提高学习效率，开阔眼界。因此，如何快速地、有选择性地加以甄别，选取那些真实的、有用的、合乎自己需要的信息就非常重要了。

二、实验目的

(1)熟悉搜索引擎的类别，了解各类搜索引擎的特性；

(2)掌握不同网络资源的获取途径；

(3)掌握网络信息的甄别方法。

三、实验原理

搜索引擎是一种用于帮助互联网用户查询信息的搜索工具，它以一定的策略在互联网中搜集、发现信息，对信息进行理解、提取、组织和处理，并为用户提供检索服务，从而起到信息导航的作用。针对不同的信息资源和获取需求，可以选择不同的搜索方式。普通的信息资源可以使用全文搜索引擎；没有特定搜索目标的可以使用目录搜索；而要获取一些专业性的文献，更好的选择是专业网站，如中国知网、IEEE Xplore 上可以搜索各种中英文文献。

四、实验器材

连接互联网的计算机一台，安装了主流浏览器(IE、Edge、Firefox、chrome 等)，安装了安全类软件(如 360 安全卫士、腾讯电脑管家、火绒安全等)，中国知网账号，IEEE Xplore 账号，软件管理类工具软件(如 360 软件管家、腾讯软件管理等)。

五、实验内容

1. 了解搜索引擎的类别，打开三类不同的搜索引擎

1)全文搜索引擎(full text search engine)

打开浏览器，在地址栏中输入网址 https://www.baidu.com，即可打开百度搜索引擎；打开浏览器，在地址栏中输入网址 https://www.bing.com，即可打开必应搜索引擎。

2) 目录索引类搜索引擎(search index/directory)

打开浏览器，在地址栏中输入网址 https://www.dmoz-odp.org/，则会打开 open directory project 目录搜索引擎；打开浏览器，在地址栏中输入网址 https://www.sina.com.cn，则会打开新浪网主页。

3) 元搜索引擎(meta search engine)

打开浏览器，在地址栏中输入网址 https://www.so.com，即可打开 360 搜索引擎；打开浏览器，在地址栏中输入网址 https://infospace.com，即可打开 infospace 元搜索引擎。

通过三种搜索引擎的打开方式及得到的结果，比较以上三个搜索引擎有什么不同。

2. 不同类别资源的获取途径

1) 综合日常类资源，如新闻、网页、地图、图片、视频等

(1) 百度搜索实战练习一(网页)：查询日历→本期双色球中奖号码查询→(假设获取一定奖金)个人所得税缴纳数额查询。操作步骤如下：

打开百度搜索引擎，在输入框中输入搜索关键字“日历”，搜索到日历表；发现双色球开奖日(二、四、日)已到，在搜索引擎中查询“双色球开奖结果”，点开第一个搜索链接，看到幸运中了二等奖；在搜索引擎中输入关键字“个人所得税计算器”，搜索到某计算页面，在页面中选择收入类型为“偶然所得”，在输入栏中输入所得奖金收入“380500”，单击“计算”后显示应缴税额。

(2) 百度搜索实战练习二(地图)：查询陕西师范大学雁塔校区到浐灞湿地公园的乘车路线。操作步骤如下：

打开百度搜索引擎，在页面点选“地图”，即可切换到“百度地图”页面；单击  按钮，选择“公交”，起点输入“陕西师范大学雁塔校区”，终点输入“浐灞湿地公园”，如图 39-1 所示；单击“搜索”按钮后，乘车及换乘方案显示在左侧，如图 39-2 所示。

图 39-1 百度地图搜索

出发时间: 11:00　　交通工具: 全部

推荐路线　时间短　少换乘　少步行

票价¥7 最快 地铁2号线 → 314路
1小时39分钟 | 28.9公里 | 步行2.1公里

27路 → 315路
1小时55分钟 | 29.8公里 | 步行550米

600路 → 318路
2小时4分钟 | 28.9公里 | 步行410米

地铁2号线 → 318路
1小时52分钟 | 29.4公里 | 步行2.1公里

票价¥6 地铁2号线 → 329路
1小时52分钟 | 28.8公里 | 步行1.9公里

打车费用: 80元（按驾车的最短路程计算）

图 39-2　查询结果

(3) 百度搜索实战练习三(图片)：欲制作一课件需要带陕西师范大学 logo，在百度中下载。操作步骤如下：

打开百度搜索引擎，切换到“图片”选项；输入关键字“陕西师范大学 logo”，并单击“百度一下”。众多 logo 图片显示在页面中，将鼠标移动到符合要求的 logo 图片上，其右下角会出现“下载原图”字样，单击即可下载到本地计算机中，如图 39-3 所示。

陕西师范大学logo
650x148

图 39-3　图片搜索结果

(4) 百度搜索实战练习四(视频)：想学习如何玩 4 阶魔方。操作步骤如下：

打开百度搜索引擎，在搜索栏中输入“4阶魔方教程视频”；搜索结果优先显示“好看视频”网站的内容，下方显示其他网站内容；在搜索结果中单击感兴趣的视频链接观看。

(5)百度搜索实战练习五(关键字的选择)：欲获知有关霍金对黑洞理论的研究。操作步骤如下：

打开百度搜索引擎，输入关键字“霍金的黑洞理论”，单击“百度一下”，结果列表中会显示所有包含“霍金”和“黑洞”关键字的信息。

打开百度搜索引擎，输入加上双引号的关键字“霍金的黑洞理论”，单击“百度一下”，这样得到的结果会完全符合双引号中的关键词，不会对关键词进行拆分，精确度更高。

使用关键字[filetype：文件类型]，查找特定格式的文件，比如，欲查找霍金黑洞理论的pdf文件。操作步骤：打开百度搜索引擎，输入关键字“霍金的黑洞理论 filetype：pdf”，即可搜索到霍金关于黑洞理论研究的pdf文档。

intitle关键字可以把查询内容范围限定在网页标题中，有时能获得良好的效果。同样，欲查找霍金黑洞理论的pdf文件，但查找到的内容更精确。操作步骤：打开百度搜索引擎，输入关键字“intitle：霍金的黑洞理论 filetype：pdf”，即可搜索到文章标题是霍金关于黑洞理论研究的pdf文档。

在某个网站进行查找，是在查询内容的后面，加上“site：站点域名”。比如，在“天空下载”软件站(www.skycn.com)下载微信电脑版软件。操作步骤：打开百度搜索引擎，输入关键字“微信电脑版：skycn.com”(注意：只输入网站域名)，即可搜索到“天空下载”软件站的下载链接，如图39-4所示。

图39-4 使用site关键字搜索

利用“网页快照”比直接打开网页后慢慢查找要方便很多。比如，搜索2008年北京奥运会相关信息。操作步骤：打开百度搜索引擎，输入关键字“2008年北京奥运会”，在查询结果列表中某项信息后单击“百度快照”，即可打开网页快照，在打开页面中，和关键字有关的文字会用特别的颜色标示出来，如图39-5所示。

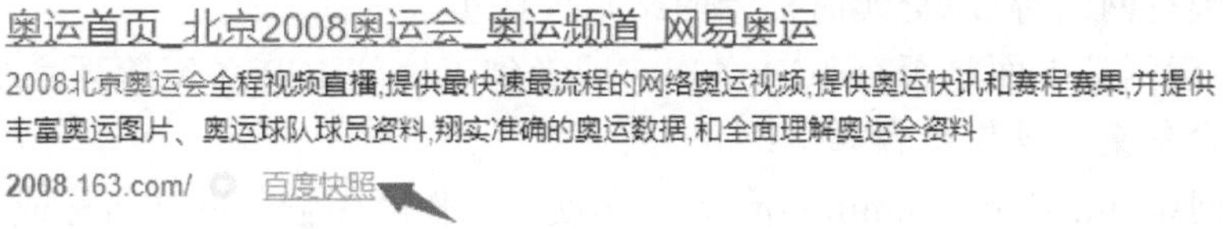

奥运首页_北京2008奥运会_奥运频道_网易奥运
2008北京奥运会全程视频直播,提供最快速最流程的网络奥运视频,提供奥运快讯和赛程赛果,并提供丰富奥运图片、奥运球队球员资料,翔实准确的奥运数据,和全面理解奥运会资料
2008.163.com/ 百度快照

图 39-5　使用网页快照功能

2) 文献类资源

(1) 访问“中国知网”获取文献，操作步骤如下：

在浏览器中打开如下网址：https://www.cnki.net，单击网页右上方“高级检索”，根据需求选择筛选条件和关键字，单击“检索”按钮后，在页面下方会显示出查询的结果，单击所需文献标题即可进入文献简介和下载页面，下载的格式可以选择.CAJ 或.PDF。

(2) 访问 IEEE Xplore Digital Library 获取文献，操作步骤如下：

在浏览器中打开如下网址：https://ieeexplore.ieee.org，在打开的页面中可以直接输入关键字进行检索，也可以单击“Advanced Search”进行高级检索，在检索结果中单击文献链接，即可在线阅读文献。也可以单击文献标题下的 PDF 文件图标，进入 PDF 阅读模式，在此模式下用户可以将该文献以 PDF 格式保存在本地磁盘中。注：在中国知网、IEEE Xplore 等学术文献数据库下载数字资源时需要个人账户或网络 IP 地址具有相关权限。

3) 软件类资源

(1) 打开软件管理类工具软件（如 360 软件管家、腾讯软件管理等），在搜索框中输入软件名称后搜索，即可找到该软件；或者单击软件分类目录，浏览某类别软件列表，直至找到所需软件。

(2) 在浏览器中打开软件下载网站，如“天空下载”，网址如下：http://www.skycn.com，在页面上方输入所需软件名称进行查询并下载，也可以单击网页左侧软件分类目录，浏览某类别软件列表，直至找到所需软件。

3. 搜索结果的甄别

用户根据关键字搜索到的内容极为丰富，在其中找到有效、安全的信息是极其重要的。

1) 防止假冒、钓鱼网站

这些网站通常会伪装正规网站的统一资源定位符(uniform resource locator，URL)和页面内容，或者利用真实网站服务器的漏洞植入危险代码，来窃取用户提交的各类账号、密码等敏感信息。可以通过以下手段进行防范：

(1) 安装 360 安全卫士、腾讯电脑管家等安全软件，在进入一些重要网站(如购物网站、银行网站等)时会实时提示网站是否真实。

(2)注意网站下面是否有 ICP 备案，或者到工信部 ICP 备案管理系统查询欲访问网址是否备案。操作步骤如下：

登录网站 https://beian.miit.gov.cn/，在搜索工作区中输入网站名称或网站域名，如“陕西师范大学”，查询结果如图 39-6 所示，可以看到陕西师范大学备案的所有域名。

首页　ICP备案查询　短信核验　违法违规域名查询　通知公告　政策文件

陕西师范大学　Q搜索

序号	主办单位名称	主办单位性质	网站备案号	网站名称	网站首页	审核时间	是否限制接入	操作
1	陕西师范大学	事业单位	陕ICP备0500...	陕西师范大学...	www.snnu.net	2020-01-16 ...	否	详情
2	陕西师范大学	事业单位	陕ICP备0500...	陕西师范大学	www.snnu.cn	2020-01-16 ...	否	详情
3	陕西师范大学	事业单位	陕ICP备0500...	陕西师范大学	www.snu.cn	2020-01-16 ...	否	详情
4	陕西师范大学	事业单位	陕ICP备0500...	陕西师范大学	www.snu.ed...	2020-01-16 ...	否	详情
5	陕西师范大学	事业单位	陕ICP备0500...	陕西师范大学...	www.snnu.e...	2020-01-16 ...	否	详情

图 39-6　地址/域名信息备案管理系统

(3)仔细核对网站域名。假冒网站和真实网站一般会有细微区别。有疑问时要仔细辨别其不同之处，比如在域名方面，假冒网站通常将英文字母 I 替换为数字 1，CCTV 被换成 CCYV 这样的仿造域名。

2)下载文件时注意有效链接

使用搜索引擎搜索到所需软件下载链接后，在打开的页面中一般会出现很多下载链接，这些链接中的大多数都是软件推广，并不是用户想下载的软件链接。此时要认真查看下载链接的说明部分才能看到真正的链接。操作方法：

在 360 搜索引擎(www.so.com)中，搜索“flashfxp”，在搜索结果中选择某一链接，打开后页面如图 39-7 所示，可以单击“本地下载”和“高速下载”两个链接查看实际下载内容。

3)分清楚广告页面和正确信息页面

浏览器服务商一个重要的收入来源就是广告，因此，当用户使用搜索引擎进行搜索时，经常会在前端显示一些广告链接，这些链接后会有诸如“推广”“ads”“广告”等字样。例如，用户在百度搜索智慧教室建设相关案例，操作步骤如下：

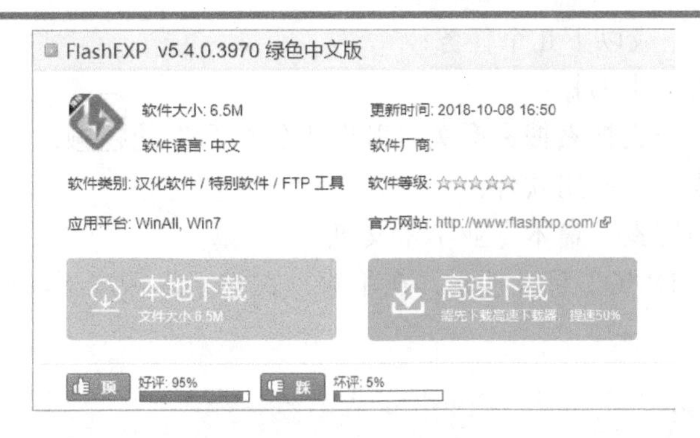

图 39-7　下载链接示意图

在百度搜索引擎搜索框中输入关键字“智慧教室案例”，搜索结果页面如图 39-8 所示。可以看到哪些是广告推广，哪些是需要的搜索结果。

智慧教室案例选择【因度】比时间更经得起考验

【因度】智慧教室案例 致力于智慧教学系统及产品的研发和销售.将设计与人体工学相结合,带来教学环境的优质体验感.让学习环境更舒适!

www.indota.cn 2021-05 广告

带有“广告”字样的是广告推广

顺舟智能_智慧教室案例_解决方案_智慧教室改造

智慧教室案例 项目找顺舟智能,落地项目多,实战经验足,一站式解决方案,优秀的售后服务,全套的软硬件设施满足您的需求.

www.shuncom.com 2021-05 广告

智慧教室生产厂家-锐捷网络-智慧教室软硬件整体解决方案

智慧教室生产厂家-锐捷网络,构建极简智慧教室,实现信息技术和教育教学的深度融合.真正使课堂从“教”为中心转变为以“学”为中心,点燃学习者的智慧!

www.ruijie.com.cn 2021-05 广告

南开大学智慧教室项目案例分享

这个是所需信息

2020年1月10日 项目案例 集合了我司智能终端与一体化平台的南开大学智慧教室项目顺利完工,此次项目为南开大学历史学院、日本研究院建设的智慧教室,使教师上课更便捷,学生交流更方便。二 学院简介 ...

个人图书馆 百度快照

图 39-8　带有广告推广的查询结果

六、思考题

(1) 思考全文搜索引擎、目录搜索引擎和元搜索引擎各自的优缺点。

(2) 如果要获取一段视频资源，除了使用全文搜索引擎之外，还可以用什么方法？

(3)利用网络完成以下几个任务：

任务 1：购买一本书籍；

任务 2：通过全文搜索搜索有关“开题报告撰写”的视频；

任务 3：下载一个应用软件；

任务 4：精确搜索一篇本专业学术文献；

任务 5：使用 DMOZ 目录搜索，在不输入关键字的情况下，打开某个感兴趣的网页页面。

七、参考文献

黄强. 2004. 搜索引擎技术研究. 计算机与现代化，(11)：80-82，85.

闫红兵. 2016. 搜索引擎及其网络信息检索技巧. 农业图书情报学刊，28(8)：6-10.

Croft W B, Metzler D, Strohman T. 2010. 搜索引擎：信息检索实践. 刘挺，秦兵，张宇，等译. 北京. 机械工业出版社：2-5.

实验 40

使用 Adobe Flash 软件制作填空题课件

一、背景资料

作为师范院校，培养的大部分学生将来都要走向教师岗位，制作课件是必须掌握的技能，而使用 Adobe Flash 软件可以制作出内容丰富、生动有趣的课件。因此，熟练掌握 Adobe Flash 软件的使用对学生来说很有必要。使用 Adobe Flash 软件制作填空题课件，可以很大程度地提高课件的交互性，使学生能够更快、更全面地掌握所学的知识。

二、实验目的

使学生掌握使用 Adobe Flash 软件制作填空题课件的基本方法和过程。

三、实验准备

(1) 安装 Adobe Flash CS6 并准备好课件中需要的试题素材；

(2) Windows 7 操作系统和 Adobe Flash CS6 软件。

四、实验内容

1. 基本概念

1) 时间轴

时间轴用于组织和控制文档内容在一定时间内播放的图层数和帧数。与胶片一样，Flash 文件也将时长分为帧。时间轴的主要组件是图层、帧和播放头。

2) 图层

图层就像透明的纸张，可以在舞台上一层层地向上叠加。图层可以帮助用户组织文档中的图像，用户可以在某个图层上绘制和编辑对象，而不会影响其他图层上的对象。

3) 关键帧

关键帧就是用来定义动画变化、更改状态的帧，在时间轴中，关键帧显示为实心圆，空白的关键帧在时间轴中显示为空心圆。

4) 普通帧

普通帧是作为延长关键帧的播放时间的帧，在时间轴上能显示对象，但是不能对对象进行编辑。

5) 元件

元件是一些可以重复使用的图像、动画或者按钮等素材，它们被保存在库中。使用元件可以使影片的编辑更加容易，因为在需要对许多重复的元素进行修改时，只要对元件进行修改，所有该元件的实例会自动更新。

2. 基本动画制作

本例制作一个水平抛出的小球运动的动画。

(1) 新建 Flash 文档。

(2) 选择菜单“插入”→“新建元件…”，名称为“小球”，类型为“影片剪辑”。使用“椭圆”工具绘制一个圆，无笔触，填充色为“白黑径向渐变”，小球的高和宽均为 20 像素，$x=-10$，$y=-10$。

(3) 回到主场景，选中图层 1 的第 1 帧，从元件库中把影片剪辑元件“小球”拖到舞台左上角。

(4) 用鼠标右键单击图层 1 的第 1 帧，弹出的快捷菜单中选择“创建补间动画”命令。

(5) 选中第 48 帧，在鼠标右击弹出的快捷菜单中选择“插入帧”命令。

(6) 选中第 48 帧，将小球从左上角拖到右下角，之后观察时间轴，第 48 帧上有了一个小的菱形，这样的帧叫“属性关键帧”。

(7) 观察舞台，小球第 1 帧所在的位置与小球现在的位置之间出现了一条绿色直线，这条路线显示了小球运动的路径。

(8) 修改小球的运动路径：用“选择工具”，接近路径，当鼠标指针下方出现一个弧线时，按住左键拉动路径：把路径变形为抛物线。

(9) 选择菜单“控制”→“播放”可以看到动画的效果。

3. 课件功能

填空题课件不仅可以实现在画线上方填空，还可以进行对错判断，单击“提交”按钮有红色的“√”或“×”显示，表示所填内容是否正确，单击“清空”按钮可以重新答题，单击“答案”按钮可以显示正确答案。

4. 制作步骤

(1) 新建一个 Actionscript 3.0 的 Flash 文档，重命名为“江雪填空”。

(2) 新建一个影片剪辑元件，选择菜单“插入”→“新建元件”，类型设置为“影片剪辑”，名称设置为“对错”。

图层 1 的第 1 帧没有任何内容。选择图层 1 的第 2 帧，右击，在弹出的快捷菜单中选择“插入关键帧”，在工具栏中选择“文本工具”，属性面板中类型为“输入文本”，颜色为红色，大小为 60 点，在文本框中输入一个“√”，调整文本框的位置到注册点中央。

选择图层 1 的第 3 帧，右击，在弹出的快捷菜单中选择“插入关键帧”，然后将“√”改为“×”。

(3) 插入一个新图层，重命名为“代码”，选中第 1 帧，右击，在弹出的快捷菜单中选“动作”，在“动作”面板中输入下面的代码：

```
Stop();
```

这样影片剪辑元件“对错”就制作完成了(特别注意：输入代码时应将中文输入法关闭，切换到英文输入法状态)。

(4) 单击舞台面板左上角的“场景 1”图标，回到主场景，重命名图层 1 为“背景”，选择菜单“文件”→“导入”→“导入到舞台”，选择背景图片，调整背景图片的大小和位置，图片大小为 550 像素×400 像素，x 和 y 的值都为 0，然后锁定图层。

(5) 插入一个新图层，重命名为“唐诗”，在工具栏中选择“文本工具”，属性面板中类型为“静态文本”，颜色为蓝色，大小为 40 点，字体设为“华文楷体”，单击“字符”面板上的“嵌入…”按钮，在打开的“字符嵌入”对话框中，单击选中“字体范围”的“全部”选项。在文本框中输入唐诗内容，在需要填空的位置输入下划线，最后锁定图层。

(6) 插入一个新图层，重命名为“填空”，在工具栏中选择“文本工具”，属性面板中类型为“输入文本”，单击“字符”面板上的“嵌入…”按钮，在打开的“字符嵌入”对话框中，单击选中“字体范围”的“全部”选项。颜色为黑色，大小为 40 点，用鼠标左键在舞台上拖出一个文本框，调整文本框的位置到下划线上，选择这个文本框，在属性面板中，实例名称设置为“TK”，最后锁定图层。

(7)插入一个新图层，重命名为“按钮”，选择菜单“窗口”→“公用库”→“Buttons”→“buttons oval”，从里面依次选蓝色、黄色、绿色三个不同颜色的按钮，拖到舞台上，这时按钮中显示的文字是英文的“Enter”，我们需要将它改为汉字，双击库中的第一个按钮，进入按钮元件的编辑状态，选择“text”图层，将文本内容改为“提交”，大小改为15点，字体设为“华文楷体”。用同样的方法，将另外两个按钮的文本分别改为“清空”和“答案”。

回到主场景，选中“提交”按钮，在属性面板中，将实例名称设置为“tj_btn”，选中“清空”按钮，在属性面板中，将实例名称设置为“qk_btn”，选中“答案”按钮，在属性面板中，将实例名称设置为“da_btn”，最后锁定图层。

(8)插入一个新图层，重命名为“对错”，将库中制作步骤(2)中制作的“对错”元件拖1个到舞台上的下划线上，在属性面板中将实例名称设置为“dc_mc”，最后锁定图层。

(9)插入一个新图层，重命名为“代码”，选中第1帧，右击，在弹出的快捷菜单中选“动作”，在“动作”面板中输入下面的代码：

```
tj_btn.addEventListener(MouseEvent.CLICK, tj_MouseClickHandler);
//为提交按钮注册侦听函数;
functiontj_MouseClickHandler(event:MouseEvent):void
{
//判断填空是否正确
    if (TK.text==“飞绝”)
    {   dc_mc.gotoAndStop(2);
}
    else
    {   dc_mc.gotoAndStop(3);
    }
}
qk_btn.addEventListener(MouseEvent.CLICK, qk_MouseClickHandler);
//为清空按钮注册侦听函数;
functionqk_MouseClickHandler(event:MouseEvent):void
{
    TK.text=“”;
    dc_mc.gotoAndStop(1);
}
da_btn.addEventListener(MouseEvent.CLICK, da_MouseClickHandler);
//为答案按钮注册侦听函数;
functionda_MouseClickHandler(event:MouseEvent):void
{
```

```
    TK.text="飞绝";
    dc_mc.gotoAndStop(1);
}
```

(10) 保存文件，填空题课件制作完成。

(11) 选择菜单“控制”→“测试影片”→“在 Flash Professional 中”，可以测试课件的最终效果。

五、思考题

(1) 什么时候需要注册侦听函数？

(2) 在写程序代码时，在函数外面定义的变量和在函数内定义的变量有什么不同？

六、参考文献

李永. 2009. Flash 多媒体课件制作经典教程模块模板精讲. 北京：清华大学出版社：18-21.

梁瑞仪. 2014. Flash 多媒体课件制作教程. 2 版. 北京：清华大学出版社：192-196.

刘华，缪亮. 2012. 跟着案例学 Flash CS5 课件制作. 北京：清华大学出版社：92-94.

龙马工作室. 2008. 新编 Flash CS3 动画制作从入门到精通. 北京：人民邮电出版社：23，126，144.

实验41

动态图片和屏保制作与音频视频剪辑

一、背景资料

随着科技的迅速发展，计算机设备(包含智能手机)已经非常普及，互联网应用和多媒体应用已经成为日常生活不可或缺的内容，故学习一些与多媒体素材(图片、音频、视频)处理相关的知识和技能是非常必要的，尤其对于师范生而言，在以后与教学相关的工作中可以非常方便地使用。

具备类似功能、可实现某种应用的软件有很多，并非功能越强大越好或者版本越高越好，在针对具体需求时应选择合适的软件，应综合考虑软件的功能、适用范围、易用性、效率等因素。有时我们使用百度里的网页应用或者智能移动端的APP(application，应用程序)进行非常简单的操作即可达到某种处理效果。

计算机技术的发展日新月异，应用软件层出不穷、更新极快，但有些软件因版权保护，需要注册购买，而绿色软件因被人为修改或者功能不稳定，或者捆绑垃圾软件，故找到一款合适的软件并不容易。相关软件的网上资料、教程、技术论坛比比皆是，需要进行大量的搜索、阅读、对比、尝试，总之软件的选取以实用为目的。

比如，若要进行图像处理，Adobe Photoshop专业性很强、效果很好，但需要深入学习，而美图秀秀、PicsArt、Snapseed等软件或APP，操作较为简单，可以满足一定程度的需求。若要进行视频编辑，专业的有Adobe Premiere，在编辑时需要设置很多数值参数，功能齐全强大；准专业的有会声会影(Corel VideoStudio Pro)，定位于供家庭用户及非商业用途的用户使用；业余的有爱剪辑、万兴喵影、蜜蜂剪辑、迅捷视频剪辑(后两者可以进行语音识别自动转换生成字幕)等；智能移动端有剪映、清爽视频编辑等。若要进行独立字幕制作，可以使用网易见外工作台(此网站可将视频语音自动转换为字幕文件，并可进行人工修正)、ArcTime(跨平台专业字幕制作软件，支持几乎所有主流视频编辑软件)、KuGou(可制作动态歌词)等。

二、实验目的

(1) 熟悉可用于日常娱乐、网络交流以及课件制作的简单多媒体素材处理；

(2) 熟悉寻找合适软件的方法。

三、实验准备

(1) 实验机房安装网络教室软件。

(2) 实验前教师做准备：向 FTP 服务器上传功能合适、版本较新的多媒体处理软件以及必要素材。

(3) 实验开始学生做准备：从 FTP 服务器下载多媒体软件(并安装)和素材。

四、实验内容

1. 使用 ACDSee 简单处理图片

ACDSee 的大部分功能 Photoshop 都可以实现，但在某些应用场合，ACDSee 更为简单方便。

使用 ACDSee 浏览一张图片，在“更改”菜单中选择相应选项进行操作，或使用软件界面左侧的相应快捷按钮进行操作，如图 41-1 所示(本实验使用 ACDSee 8)，操作时会有提示以及进一步的选项。常用功能说明如下：

转换文件格式：轻松实现 JPG、BMP、GIF 等图像格式的任意转换；

旋转/翻转：若手机拍摄的照片或从扫描仪获得的图片角度不合适，可对其进行调整；

调整大小：若手机或数码相机拍摄的照片像素太大导致存储容量太大，可对其进行调整；

剪裁：有时只需要图片的某一区域，比如去掉黑边等，可使用此操作；

添加文本：为图片添加水印或版权信息。

现以制作简单素描图为例，说明 ACDSee 的增强功能。依次选择“更改”→“效果”→“边缘”→“边缘检测”(图 41-2)，然后依次选择“更改”→“效果”→“颜色”→“底片”(图 41-3)，最终效果如图 41-4 所示。

除了简单处理功能，ACDSee 还具有两个非常实用的功能(不限于图片文件)——“批量重命名”(可以让多个文件的名称格式统一)和“查找重复”(可以用来查找、删除名称不同但内容相同的冗余文件)。在 ACDSee 主界面，用鼠标框选多个文件，然后在“工具”菜单中选择相应选项进行操作，如图 41-5 所示。

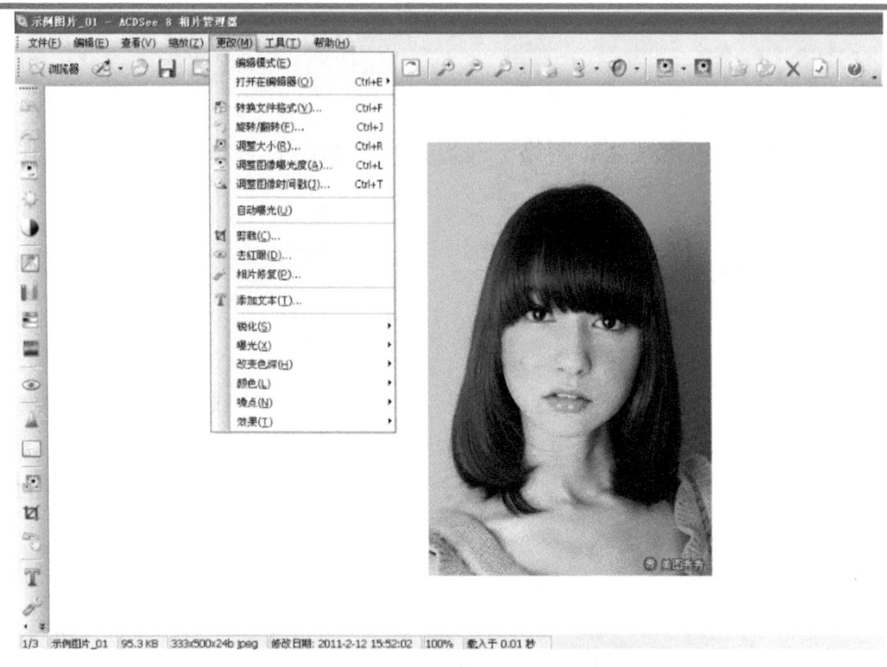

图 41-1　ACDSee 图片“更改”功能界面

图 41-2　ACDSee 功能使用（一）

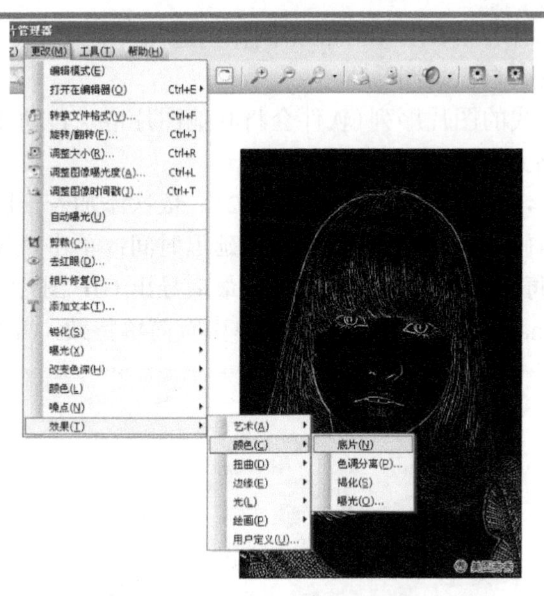

图 41-3　ACDSee 功能使用（二）

图 41-4　ACDSee 素描效果图

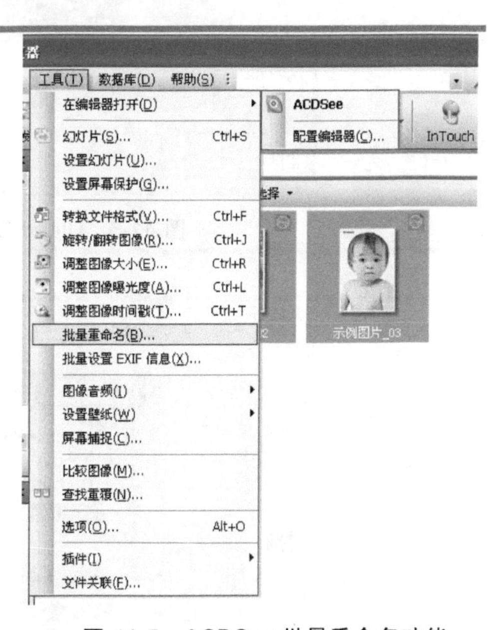

图 41-5　ACDSee 批量重命名功能

2．使用 Ulead GIF Animator 制作动态图片

动态图片的原理是将 GIF 格式的图片序列逐帧进行显示，每帧显示的停留时间

可以单独进行设置。Ulead GIF Animator 制作动态图片有如下三种方式：

(1)在空白画板上自己画图。

(2)导入众多格式的图片序列(软件会将其他图片格式自动转换为 GIF 格式)。

(3)导入 AVI 格式的视频短片。

如图 41-6、图 41-7 所示实例使用方式(2)。依次添加若干图像；选中一张或多张图像双击，在“画面帧属性”中设置图像延迟时间；单击“播放”按钮查看动画效果，可反复调整每帧播放时间进行尝试；最后导出 GIF 图片。

Ulead GIF Animator 的“视频 F/X”菜单中有简单特效，需要时可以选用。

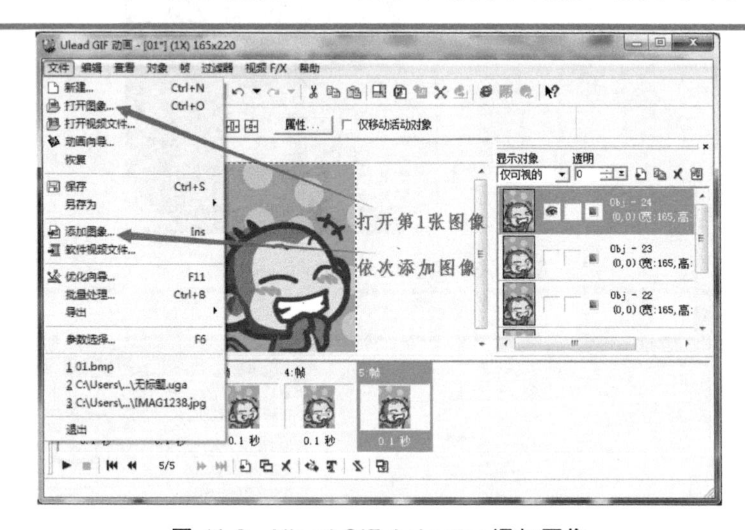

图 41-6 Ulead GIF Animator 添加图像

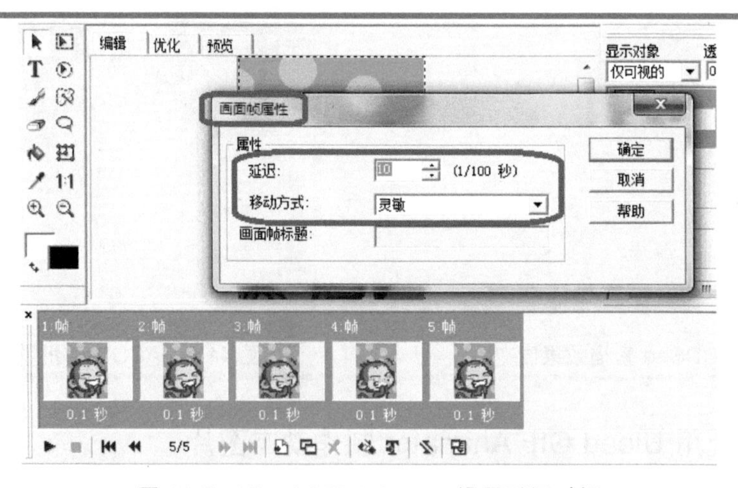

图 41-7 Ulead GIF Animator 设置延迟时间

3．使用 Photo Screensaver Maker 制作屏保程序

Photo Screensaver Maker 支持多种图片和音频格式，可快速创建个性化屏保。

按照图 41-8、图 41-9 所示进行操作。在“常规”设置中填写屏保文件名；依次添加若干图片及音乐(可批量添加)；设置参数及过渡效果(可默认)；最后单击“制作”按钮生成屏保文件(默认保存于系统桌面)。双击屏保文件，进行播放预览或安装。

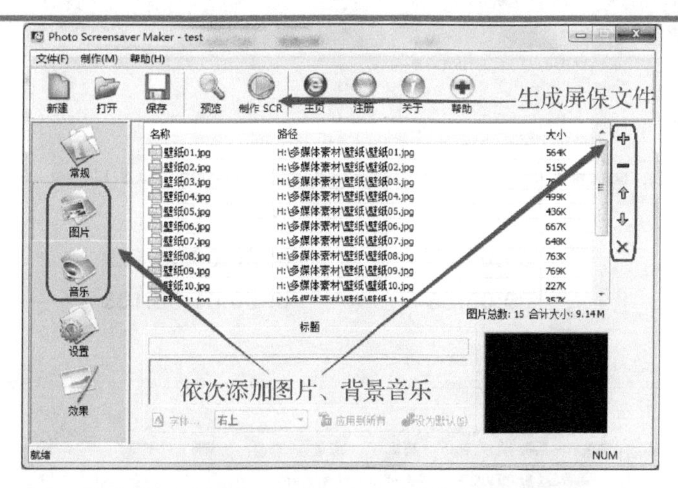

图 41-8　Photo Screensaver Maker 功能界面

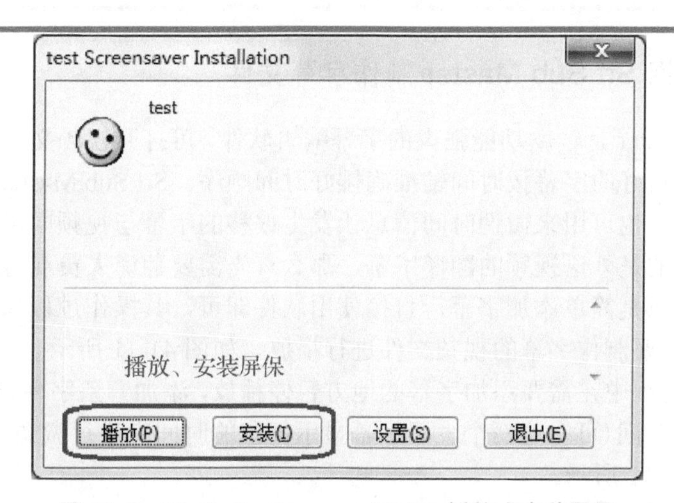

图 41-9　Photo Screensaver Maker 播放或安装屏保

4. 使用 Mp3ABCut 制作手机铃声

MP3 剪辑软件众多，Mp3ABCut 是较为简单的一种。

按照图 41-10 所示进行操作。打开需要剪辑的 MP3 文件；播放过程中设置剪辑起点(A 点)和终点(B 点)，并可对两个时间点进行微调；最后单击“剪切”按钮生成结果文件。

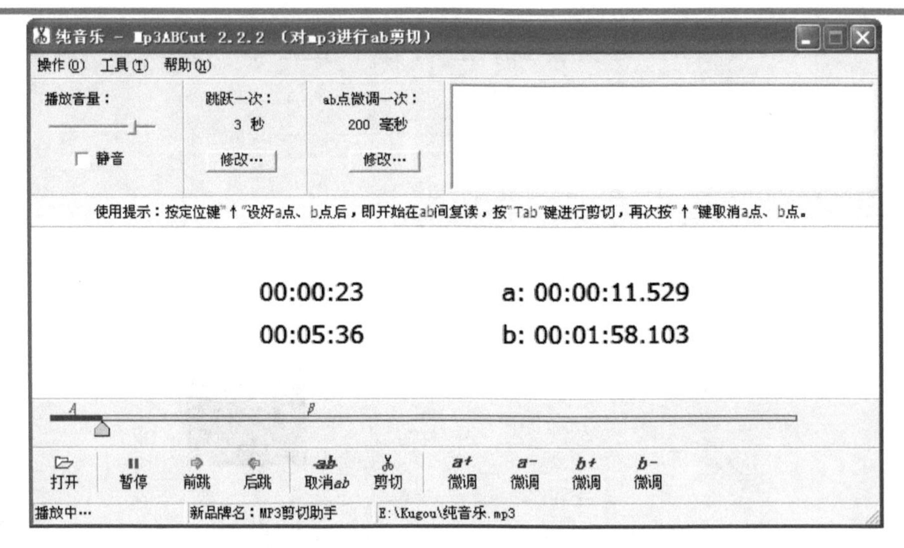

图 41-10 Mp3ABCut 剪切音频

5. 使用 Srt Sub Master 制作字幕文件

Srt Sub Master 是一款功能强大的字幕编辑软件，可打开视频文件一边播放一边编辑字幕，编辑好的字幕按时间轴准确排好时间顺序。Srt Sub Master 可用来添加、修改字幕信息，也可用来微调时间信息让发生偏移的字幕与视频同步。

如果制作的是外语视频的翻译字幕，那么首先需要翻译人员观看视频，给出翻译文本。如果只是简单添加字幕，直接使用软件即可，其操作过程如下：

(1) 打开需要制作字幕的视频文件进行播放，如图 41-11 所示。

(2) 播放过程中在需要添加字幕的地方暂停播放，添加一条字幕记录，设置其起始时间和终止时间(可对这两个表示字幕显示停留的时间点进行微调)，并加入字幕内容，如图 41-12 所示。

(3) 反复进行新增、编辑字幕记录操作，直至视频播放完毕。

(4) 保存生成字幕文件，如图 41-13 所示。

图 41-11　Srt Sub Master 播放视频

图 41-12　Srt Sub Master 新增、编辑字幕记录

字幕制作难度不高，但耗时耗力，主要在于需要调校影片的时间轴，即需要处理文本和时间的关系，有时需要断句、合并句子并对句子时间点进行准确的把握和判定。最终将文本调整为适合观看的字幕有时还要考虑整体画面效果。

如需制作特效字幕，可使用 SrtEdit，这样便可以在视频的不同位置加上不同颜色、字体、角度的文字。使用 SrtEdit 还可实现双语、卡拉 OK、3D 等字幕效果。随着人工智能的快速发展，已经出现可靠的语音转文字软件，利用这种软件可极大减轻字幕制作工作强度。

图 41-13 Srt Sub Master 保存生成字幕文件

6. 使用格式工厂编辑视频、合成字幕

格式工厂(Format Factory)是一款多功能的多媒体格式转换软件，可以实现大多数视频、音频、图像不同格式之间的相互转换，可以对视频进行剪切、合并、画面裁剪、添加音频或分离音频。其功能界面如图 41-14 所示。

使用格式工厂合成字幕的操作如图 41-15 所示。选择视频文件目标格式(要转换成的格式)；添加视频文件；可选择“分割”或“剪辑”(截取)视频；单击“输出配置”，可选择画面质量和大小(还可在“视频流”和“音频流”中选择具体参数)，在“附加字幕”中添加字幕文件，亦可在“高级”中旋转画面；确定后单击“开始”完成转换。

有时我们需要把某个视频文件的某一声音片段提取出来，这似乎很难，其实只要使用格式工厂将视频文件转换成音频文件即可：选择要转换成的音频文件格式(一般是 MP3 格式)；添加视频文件；在“截取”中设置开始、结束时间点；在“输出配置”中选择音频的具体配置(一般默认)；确定后单击“开始”完成转换。

另外，格式工厂还可将文字 PDF 转换成 Word 文档，在某些场合使用起来很方便。

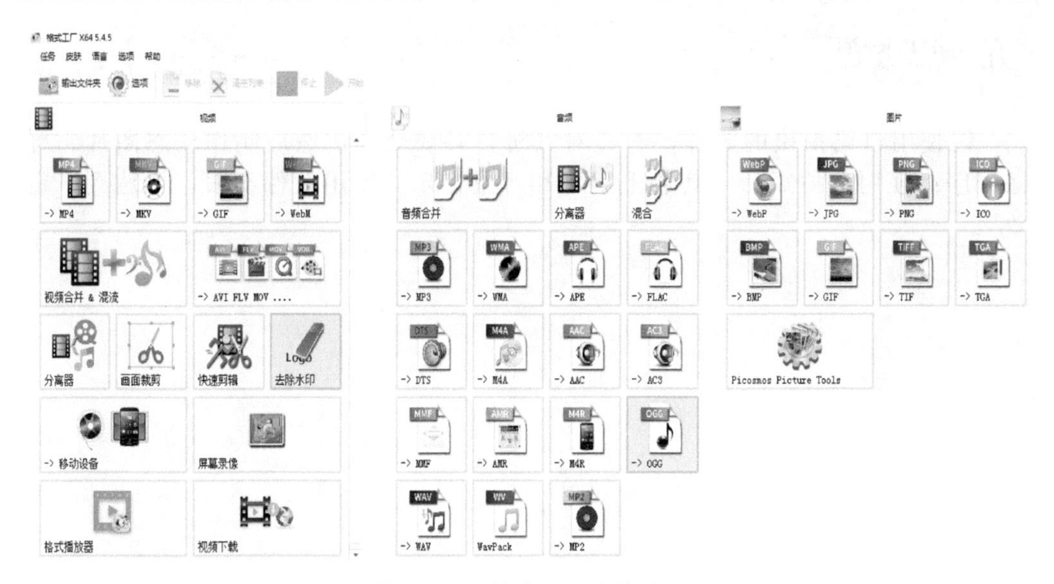

图 41-14　格式工厂功能界面

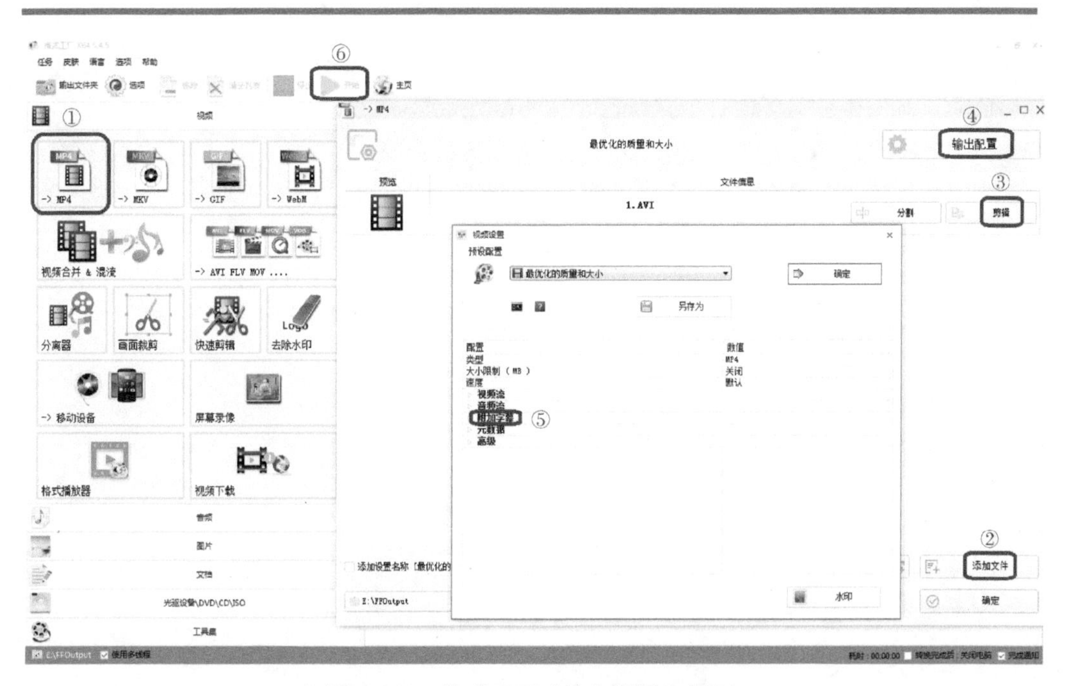

图 41-15　格式工厂“输出配置”界面

五、思考题

请使用自己拍摄的照片，首先对其进行必要处理，然后制作动态图片、屏保程序；使用自拍短片给其加上字幕和背景音乐；使用软件不限，要达到一定效果。